诗意科探 九秩华年

——童庆禧院士遥感从研六十年

科学出版社

北京

内 容 简 介

在中华人民共和国成立七十五周年之际，我国遥感科学与技术领域最早开拓者之一的童庆禧院士即将迎来他人生九十华诞。童院士见证了中国由弱到强史诗般飞跃，也亲历实践了中国遥感事业从诞生成长到壮大辉煌的绚丽历史进程。本书图文并茂，详细介绍了童院士的主要人生经历。他参加了珠峰第一次科考，参与了中国遥感初创发展规划的制定；策划组织了我国早期的新疆哈密、云南腾冲及津渤综合遥感实验；主持建成了先进的高空机载遥感实用系统；开创了我国高光谱遥感科学与应用领域；推动了高性能对地观测小卫星系统研制、国际合作与商业运营；倡导组建了北京大学数字中国研究院，促进了数字中国的研究。他精心培养了一大批优秀遥感人才。本书是对童院士从事遥感工作六十年的阶段性总结，也为中国遥感科技发展史研究提供了一份珍贵的历史文献。

本书适合遥感领域的科技工作者、管理者，遥感、地理等专业的研究生与本科生，以及对遥感发展感兴趣的读者参考。

审图号：GS 京 (2024)1743 号

图书在版编目（CIP）数据

诗意科探　九秩华年：童庆禧院士遥感从研六十年 / 本书编委会编 . -- 北京 : 科学出版社，2024. 8. -- ISBN 978-7-03-079382-9

Ⅰ . TP7-53

中国国家版本馆 CIP 数据核字第 2024HF3936 号

责任编辑：彭胜潮 / 责任校对：郝甜甜
责任印制：徐晓晨 / 封面设计：黄华斌

科学出版社 出版
北京东黄城根北街 16 号
邮政编码：100717
http://www.sciencep.com

北京中科印刷有限公司印刷
科学出版社发行　各地新华书店经销
*
2024 年 9 月第　一　版　开本：880×1230　1/16
2024 年 9 月第一次印刷　印张：16
字数：380 000
定价：280.00 元
（如有印装质量问题，我社负责调换）

本书编委会

无悔人生

1999年童庆禧受邀参加国庆50周年观礼

童庆禧（左一）在苏联敖德萨水文气象学院学习
期间与同学合影

1957年童庆禧（左一）在敖德萨水文气象学院
门口与老师同学合影

←1959年童庆禧（左）大学
实习期间与老教授合影

2002年童庆禧在尼泊尔亚洲遥感会议野外考察期间留影（背景是喜马拉雅山的南坡）

2009年童庆禧作为第三十届亚洲遥感会议主席
在欢迎晚会上

童庆禧在珠穆朗玛峰东绒布冰川
6 000米高度

2013年童庆禧（右后举桨者）在印尼巴厘岛漂流

童庆禧在办公室

2003年童庆禧参加"科学与中国"院士
专家巡讲活动

童庆禧在办公室

2020年童庆禧受邀参加第三届数字中国
建设峰会

童庆禧与夫人覃洛清结婚一周年纪念照

童庆禧与夫人覃洛清在泰山之巅合影

童庆禧与夫人覃洛清在贝加尔湖畔合影

童庆禧与夫人覃洛清在院士合唱团合影

童庆禧与夫人覃洛清在家乡漓江的游船上合影

2012年童庆禧（左一）及夫人与郑度院士及夫人在中国科学院院士团拜会上合影

2009年童庆禧（中）在南非好望角海边

2017年童庆禧在遥感大数据与精准农业国际研讨会上作主题报告

2014年童庆禧和他的应届毕业研究生们

童庆禧与王钦敏副主席考察遥感设备

2001年童庆禧(右二)与老朋友在日本东京合影

2015年童庆禧回母校桂林中学参加110
周年校庆和老学长黄旭华院士(中国核
潜艇之父)在学校极具文化特色的奎光
楼合影

2013年童庆禧(左)参加在西安召开的"欧亚经
济论坛"宴会上与汪光焘(北京市原副市长、国
家住建部原部长)及匡廷云院士(右)合影

2018年童庆禧(左)与信息产业部原部长
吴传基合影

2024年第21次中国科学院院士大会与会地学部院士合影（前排左六为童庆禧）

2024年童庆禧与本书编委会部分编委讨论

2018年童庆禧（左三）与北京大学同事们在校园合影

2022年童庆禧（前排右三）与朋友及家人新年团聚合影

2024年童庆禧在第四届空间信息技术应用大会上与神舟十五号航天员张陆合影（背景是北京三号长沙浏阳河影像）

2020年童庆禧（左六）与朋友及家人畅游北京延庆野鸭湖

童庆禧同志在航空遥感、遥感信息应用的研究中勇于探索、大胆实践、锐意创新，做出了重大贡献。在其九十大寿之际，我向他表示衷心的祝贺！

杨生
2024年5月

中国科学院资源环境科学与技术局原副局长　杨　生

一九七八年起我先送去讨论新学报
一九八〇年代到以后有幸参与遥感科
学运动讨论工作，亲历Ce作为中国
遥感的一面旗帜、诗成就一系列
的创新。几十年来见证了CEO的辉
煌遥感人生，启迪了CEO辉煌遥
感风采。在李先生九十华诞之际，
谨致热烈祝贺和衷心祝福。
愿李先生在九十年为遥感科
技事业上继续引领前行。

郭华东
二〇二〇年六月

中国科学院院士　郭华东

向童庆禧先生拜寿：

　　奋斗六十载，开创中国遥感、中国航空遥感、中国高光谱遥感。

　　贺九十华诞、福如东海，寿比南山、日月长明、春秋不老、长命百岁！

吴一戎

2024年5月20日

中国科学院院士　吴一戎

亦师亦友，感恩童先生三十多年的
关心、关爱与扶持。衷心祝愿先生
身体健康，福如东海，寿比南山！

龚健雅

2024年4月30日

中国科学院院士　龚健雅

《诗意科探 九秩华年》
出版志喜

《诗意科学 九秩华年——童庆禧院士从研六十年》画册出版，泽被后代，其泽甚远，以联贺之！

瀍珠潾，起哈密，F腾冲，揽环天下。
遥想六十春秋，梦在兴国强国。
航空遥感，小卫星，高光谱，瞩目世界。
创新一生一世，治院办学同侪。

周成虎
2024.5.15 于北京

中国科学院院士 周成虎

贺童先生九十华诞

遥感里云界

宗师蕴万千

学生王桥敬

二〇二四年六月一日

中国工程院院士　王　桥

共贺遥感巨星辉煌人生

童庆禧院士是我的老朋友、老同事，在童院士九十岁生日即将到来之际，编委会同志送来了《诗意科探 九秩华年——童庆禧院士遥感从研六十年》初稿，并邀请我为之作序，我感到十分荣幸。

童院士是我国最早从事遥感科学研究的专家之一，他在气候学、太阳辐射和地物遥感波谱特征研究等方面做出了突出贡献。童院士提出关于多光谱遥感波段选择的问题，并在理论、技术和方法上进行深入研究，为遥感技术的发展提供了有力支撑；他在"七五"攻关中主持成功研制的"高空机载遥感实用系统"，为我国遥感事业注入了新活力。

童院士在国内率先倡导并开展高光谱遥感研究，以及高光谱导数模型和光谱角度相似性研究。他在高光谱遥感与应用等方面做了大量基础性工作，为我国在该领域的国际地位奠定坚实基础；他的代表作《中国典型地物波谱及其特征分析》和《遥感信息机理研究》等是遥感学科重要的理论支持。

童院士不仅在科研领域取得卓越成就，还积极推动遥感技术的产业化发展。他参与"北京一号"小卫星的研制与发射，为遥感数据商业化运营开创了新纪元。此外，他还担任国家中长期科技发展规划的战略研究专家，致力于推动对地观测系统、新一代航空遥感系统、数字中国以及无人机遥感等领域的发展。

童院士为人谦和，诚恳率真。他的品格和贡献得到国内外同行的高度认可。他曾荣获中国GIS教育终身成就奖、国际光学工程学会颁发的国际遥感科技成就奖等多项殊荣。这些荣誉不仅是对他个人的褒奖，更是对我国遥感科技事业的充分肯定。

这本《诗意科探 九秩华年——童庆禧院士遥感从研六十年》是对童院士一生科学成就的回顾和致敬。每一张照片、每一个文字都记录着他的付出与汗水，展现着他的成就与风采。我真诚期望该书能够成为传承童院士科学精神的重要载体，激励更多的人投身科学事业、勇攀科技高峰。我也诚挚祝愿童院士晚年生活充满阳光和喜悦，继续为我国的科技进步和社会发展贡献智慧与力量。

向童院士致以最崇高敬意和最诚挚祝福！

中国科学院院士
科技部原部长　徐冠华

贺童庆禧先生九十大寿

童庆禧院士是我国遥感界的元老之一，六十多年来，从参加青藏高原遥感野外调查，到云南腾冲遥感调查起步，随后与薛永祺院士合作引领和推动高光谱航空遥感技术，不仅在国内推广应用，而且支持了日本、东南亚和澳大利亚的高光谱遥感应用，取得了令人鼓舞的成就。

童先生积极支持高分对地观测国家重大专项工作，作为专家组副组长，我们多年共事，推动我国高分辨率对地遥感技术赶上和达到了国际先进水平。他全力支持"北京一号"商业遥感卫星从无到有、从有到好的发展，"北京三号"卫星的分辨率已达到0.3～0.5米，还有多种在全球领先的性能和创新。

童先生一生关注亚洲遥感事业的发展，代表中国参加了亚洲遥感协会的历次活动，彰显了我国的技术成就和对全球遥感事业发展的推动。他的贡献得到了国内外学界的一致认可。

武汉大学的测绘遥感学科原先偏重几何遥感和地形测图。20世纪90年代我们选送了几位青年学者到童先生领导下的中国科学院遥感应用研究所去学习。我请童先生帮我们培养高光谱遥感的研究生，他欣然同意并给予积极支持。张良培教授就是我请他培养的武汉大学第一个从事高光谱遥感的专家，张良培从遥感所回来后大大推动了武汉大学高光谱遥感的发展，使我们能在几何遥感和物理遥感领域走到世界前沿，武汉大学遥感学科排名连续七年居全球第一。想到这些，我们由衷感谢以童先生为首的遥感所对武汉大学的一贯支持。

值此童先生九十华诞，我们衷心祝贺他福如东海、寿比南山、永葆健康、长寿长乐，为国家遥感事业做出更大贡献！

中国科学院院士
中国工程院院士 李德仁

遥相呼应　感知天地

——贺童庆禧院士九十华诞

　　《诗意科探　九秩华年——童庆禧院士遥感从研六十年》即将出版，我衷心地给予祝贺！

　　回忆起我与童先生初次相识是1974年5月在北京友谊宾馆举办的"日本农林水产展览会"，日方展出三台遥感设备，当时"遥感"还是新名词，中国国际贸易促进会理所当然地将"遥感"列为对外技术座谈的重要内容之一。这个座谈会由童先生组织并任"主谈"，座谈的时间很长，他安排参加人员集中住在宾馆里。参会的十多位成员来自相关研究所和高校的专业技术人员，时值"文革"后期，大家都有趁此机会了解新技术的愿望。童先生对每次座谈的主题都组织大家充分准备，提交三位日方专家对接交流。白天与外方研讨，从带来的展品技术、应用，甚至名词的翻译。晚上，中方人员有足够的时间促膝夜谈，交流所在单位的技术基础，与遥感有关的工作，共同的目标，共同的语言，探索新技术的发展，可以认为，这在特殊时期给参会者提供了望向世界的一扇窗。中方人员认为，留下送展的三台遥感仪器，有利于我国遥感事业的发展。在童先生的努力下，得到国家计委的支持，最终以优惠价留下了两台——光学合成仪和彩色密度分割仪。至今已过去五十年了，阅读本书初稿，方知童先生在苏联学习气候和气象学期间，已从事过太阳辐射的测量、大气环流和地面状况的研究，还观测了两年的棉田能量平衡、辐射收支、气候梯度、温度分布等。回国后，他又被组织选派参加了1965年和1966年两次国家体委和国家科委共同组织的珠穆朗玛峰登山科考队，在这个雄伟壮阔的世界之巅，在海拔6 000米左右高度上进行太阳分光辐射、冰川小气候和大气气溶胶方面的观测研究。这与遥感对地观测的光谱测量方法是相同的，这些研究工作正是遥感科学与技术的学科内容。那次技术座谈，我对童先生情系祖国、对新技术的敏锐追求和卓越的组织能力深感钦佩！也带领我后半辈子走上了遥感技术的研究道路。

　　1976年7月28日，特大地震突袭唐山，童先生与地震专家希望通过地表热图像了解地壳能量运动引发地震的相关信息，并再次受命组织进行遥感监测。两年前的技术座谈会中，童先生知道我所在的研究所已有军事侦察应用的机载热红外行扫描成像仪，可以获取地表的热辐射图像。于是接到院部文件，我在所领导带领下携仪器赶往北京沙河机场执行飞行任务。该仪器以探测目标形状为主，将红外辐射信号转换为可见光强弱记录在黑白胶片上，信号系统是自动增益控制的，因此图像的灰度不能正确反演地面的热量传递。唐山飞行的首次合作虽有遗憾，但具有深远意义的是，让我体会到技术与应用相结合的必要性，并促使我对红外扫描仪增加辐射内定标源的系统改进很快完成。不久，1977年新疆的铁矿地质遥感任务再次合作进行，具有定标功能的扫描仪可以验证不同岩性的红外辐射效应，有利于地质填图。作业区域离鄯善机场200多公里而离罗布泊约150公里。为了避免影像碎片化，要求将获取的条带红外图像进行拼接，而且一整天平均分为6个时间段循环作业，其中3次为夜航。当时飞机导航用的磁罗盘在试飞时发现这个地区罗盘信号混乱失灵，地面上又没有可供参照的标志物，在那茫茫一片的沙漠地区进行夜航作业，其难度不言而喻。不畏困难的童先生和飞行机组商量采用地面篝火的方法来为飞机导航。组织具有野外经验的人员到现场布置火点，预计飞机到达的时间提前用汽油引火，创造了用三个火堆导航，按序飞行6条航线，获取的遥感图像满足了拼图要求。这是环境和责任逼出的智慧，在卫星定位技术、航空自动导航和移动通信高度发达的今天是完全不可想象的，童先生戏称我们在靠近罗布泊的地方创造了一个前无古人、后无来者的中国航空遥感飞行模式。

在哈密地质遥感尚未终结，1978年底的云南腾冲遥感试验又拉开了帷幕，童先生担当航空遥感数据采集负责人，不仅亲自上机光谱测量且组织和指导试验有序进行。举一例，核工业部早就掌握腾冲地区有一个铀矿，临时要求我负责的热红外6波段扫描仪进行夜间飞行，童先生与我商量后决定故技重演——地面烧火堆引导飞机，顺利获取了热红外多光谱图像数据。被当时的核工业地质局51盆地铀矿区应用，图像显示的热水流，修订了热液成矿机理和构造控矿模式。还发现了新矿点，经钻孔验证，在157米深度，水温达75℃，涌水量1 700吨/昼夜。腾冲遥感试验极大地推动了我国遥感技术和应用的发展，它是我国遥感事业起步阶段的里程碑和"黄埔军校"，将会永久地载入中国遥感的奋斗史册。

在我国陆地遥感卫星尚属空白和国外卫星影像难以满足我国经济社会发展需求的情况下，中国科学院采纳了童庆禧等人的建议，用飞机为遥感平台，首先发展航空遥感。1984年，他主持从美国引进两架塞斯纳飞机公司"奖状S/II"型公务机改装为高空遥感飞机，我被邀随童先生一起去飞机改装厂参与确定改装方案，深感责任重大！由于透红外材料的限制，红外成像系统的光机头部只能安装在飞机尾部的非密封行李舱并改装对地窗口，上机人员通过密封电缆操控对地窗门和仪器的运作。我们发现，飞机发动机喷气排放的热气可能会对红外遥感信号造成干扰，否定了美方技术人员以直观感觉表示不会影响的回答，坚持要有数据为证。迫使工厂又做了一次让我们大开眼界的风洞试验，即在仪器对地窗口周围的飞机蒙皮上均匀地粘上一端固定的细如汗毛一样的小布条，风洞试验时可以观察气流的走向，并用照片记录小布条的形态，验证了不受影响的试验结果。引进遥感飞机的同时，童先生又主持了国家"七五计划"的"高空机载遥感实用系统"科技攻关项目，建立了拥有14台/套遥感仪器的航空遥感系统。塞斯纳飞机公司认为，按中国要求改装的两架遥感飞机颇具特色，1987年，公司邀请中方人员和载有遥感仪器的飞机飞至新加坡樟宜机场，参加当时亚洲最大的国际航空展览。国际航空杂志（AW&ST）曾专文介绍中国航空遥感系统及其在资源、环境及灾害监测等方面的应用，从此我国航空遥感跻身于国际先进行列。

探索永无止境。20世纪80年代初，我与童先生等合作发展的短波红外细分多光谱扫描仪（FIMS）在黄金找矿实践中取得成功应用，开创了遥感直接识别和圈定地面蚀变带和矿化带的先河。该仪器被美国GER公司邀请在美国西部地区进行遥感试验，所获取的多光谱图像经USGS处理分析，与TM数据比较，其区分岩性的能力更好（如绢云母和高岭石）。就在此时，童先生的助手在美国访问学习时传回一份JPL正在研制机载成像光谱仪（A1S）的资料，描述了在获取物体光谱图像的同时具有了探测物质成分的功能。童先生深感"英雄所见略同"，这是光电遥感从多光谱向高光谱发展的必然趋向，这种图谱合一的特点为人们对自然认识的深化提供了崭新的手段。此时正值"七五"项目立项时期，我在童先生的鼓励和共识下申请了预研课题。这项研究工作交给了我的研究生王建宇，他在硕、博五年的潜心关键技术攻关和课题组的共同努力下，在"七五"末期完成了71波段模块化成像光谱仪（MAIS）研制。我和童先生以及我们的研究集体，包括刘银年、舒嵘、张兵和王晋年等，又相继研制了推帚式高光谱成像仪（PHI）和实用型模块化成像光谱仪（OMIS）等高光谱成像设备。我国高光谱遥感的发展引起了国外同行的重视，美国JPL的卡尔女士访问我国时对多谱热红外遥感的发展有共同看法而对该仪器特别注意，日本东京大学村井俊治教授访问时誉之为"令人吃惊的成果……"。依托这些研究成果，先后与美国、澳大利亚、日本、马来西亚和苏联等国家开展了一系列的实质性合作，取得了广泛的成效，提升了我国高光谱遥感的国际声誉。

2004年，童先生参与论证并提交国家中长期科技发展规划的对地观测系统重大专项建议书（高分专项），2013年以后随着"高分一号"和"高分二号"卫星的发射和运行，我国开始进入了高空间和高光谱分辨率卫星的研发热潮。曾是我的博士生和合作伙伴刘银年领衔的课题组开拓发展星载高光谱成像技术，对各种典型结构分光体制的研究分析，并结合相关的测试数据比较，最终确定以凸面光栅体制为主要技术路线。经过五年的精益求精工程化工作，作为"高分五号"卫星的主载荷，国际上首台星载宽谱宽幅高光谱相机（AHSI）于2018年5月成功发射入轨工作。与德国、日本、意大利、印度、美国等国家在轨或在研的同类高光谱载荷比较，该相机在幅宽、光谱通道数和信噪比性能明显优于其他同类载荷。2019年12月 *IEEE Geoscience and Remote Sensing Magazine* 在"刊首寄语"中对该相机作了重点介绍，认为"这台最顶尖的仪器集成了多种新技术，从而获得了卓越的性能"，并强调该相机具有突出的应用价值，"将在环境监测、自然资源调查和油气勘查中发挥重大作用"。

童先生不仅在科研领域取得卓越成就，秉承"发展科学技术，为国民经济建设服务"的思想，积极推动遥感技术的产业化发展。他是我国遥感事业的先驱者、奠基人、开拓者之一。

我与童先生在共同的事业中，五十年如一日，相互支持，兄弟般的情谊！如今我俩已步入耄耋之年，在交通和通信高度发达的今天，我仍经常聆听他对发展我国遥感事业的关心！

中国科学院院士　薛永祺

奋斗如歌六十载　星光璀璨作标杆

　　20世纪60年代，伴随国际遥感技术的兴起，怀抱凌云之志的年轻科技工作者童庆禧，面对无尽星空，踏上了无尽探索之旅。星光不负赶路人，当年的研究实习员童庆禧，成为了我国遥感技术应用领域的最早开拓者和杰出代表，成为了中国科学院院士、国际欧亚科学院院士。童院士在气候学、太阳辐射和地物遥感波谱特征研究上成就显著。遥感科技犹如一双天眼，助力人类探索宇宙的广袤无垠与地球的细微纹理。童院士倡导和开展的高光谱遥感技术成就，应用于大气科学研究、海洋研究、地质矿产探测、植被和生态研究等各个领域。遥感卫星看世界，日月运转、大地形状、川流走向、海洋环境一览无余。

　　我的海洋遥感之梦，也深受童院士对我的关爱。1978年，童庆禧院士作为主要倡导者，在中国科学院的支持下，组织了一场被誉为"中国遥感的摇篮"——腾冲航空遥感试验活动。这是我国第一次大规模、多学科、综合性的航空遥感应用示范试验。1985年，我前往加拿大海洋科学研究所，师从 J. Gower 学习海洋遥感技术。1987年，我满怀科技报国激情回到祖国。当时国内海洋遥感领域尚属一片空白，基本只有我回国时用扁担挑回来的几十公斤磁盘资料（CZCS海色仪）可供参考研究，"遥感下海"困难重重。正当我一筹莫展之时，童院士把我拉入到"腾冲遥感联合试验"项目。当时参与项目的有林业部、地质矿产部、核工业部、铁道部、国家测绘局、国家海洋局等16个部委、68个单位、50多门学科、700余名科技人员，开创了技术集成与知识创新的先例。我成了中国遥感"黄埔军校"、"腾冲水库遥感分校"的学员，在这个知识的大熔炉中，从事陆地遥感研究的童院士，指导我们从用航空像片灰度等级分类研究水质入门，慢慢探索，一步步从腾冲水库，走向占地球面积70%之大的茫茫大海，真正开启了我的海洋遥感之梦。

　　童院士是"隐姓埋名"的海洋遥感引领者，正是在他的引领下，才有了我的"遥感下海"。当我在海洋的惊涛骇浪中搏击时，童院士又成了我的护航者。扁担挑回来的几十盘CZCS资料，是国际上第一颗海洋卫星水色仪资料，这些宝贵资料要发挥好作用，必须经过大量的去粗取精工作。卫星接收到的能量只有百分之十左右来自海洋表面，怎么进行大气校正去伪存真？在存真的辐射量中又该如何再分离出叶绿素浓度、悬浮泥沙等不同的水色浓度？困难重重，压力山大，又是童院士把我拉进了由他主持的重大卫星遥感机理和系统研究项目，并让我负责一个子课题。这个课题与20世纪80年代初，童院士与上海技术物理研究所的薛永祺院士共同倡导的高光谱遥感研究密切相关。顺着多光谱实用航空遥感系统项目的多光谱识别思路，我们解决了海洋水色遥感信息处理的关键技术，其效果让美国NASA和海洋水色等国际遥感组织等惊讶不已。

　　童院士对我的支持不限于提供学术和科研的指导，他也总是想法设法给奋斗中的年轻人有荣誉感。由童院士支持的"高空机载遥感实用系统"项目获得了中国科学院科技进步特等奖，该项目成果主要基于陆地遥感机理和系统研究，参加部门多，人扩聚集，为了使那些没有列入到特等奖名单的团队成员也获得荣誉，时任中科院遥感所所长的童院士特制了由遥感所颁发的贡献奖证书，这也是我平生第一次荣获的红本证书，备受鼓励，至今还清晰记得拿到证书时的兴奋和激动，也给了我继续坚持海洋遥感研究的信心和力量。

　　随着我国科学技术发展突飞猛进，海洋遥感研究从蹒跚起步、从国外带进一点资料，后接收国外卫星资料、到 2002 年我国第一颗海洋水色卫星发射，技术更迭可谓日新月异。科研无止境，接下来中国海洋遥感技术该如何再次实现跨越式发展？我个人的海洋梦想该如何获得新的赋能？当时海洋遥感研究正值沿海到海洋大陆架再向深海之际，原航天部部长王礼恒院士与童庆禧院士，又指导我们这群海洋遥感研究者规划"2005～2025 年海洋空间基础建设"，正是得益于这一长远规划，我国形成了由海洋水色、海洋动力、海洋监视三大系列的海洋卫星体系，至今在轨运行海洋卫星与气象卫星旗鼓相当，无论从数量与质量上讲，都挤入了世界先进行列，为我国发展海洋经济、保护海洋生态、加快海洋强国建设发挥了重要作用。

　　"长空万里，直下看山河。"作为一个科技工作者，我一直以童院士等老一辈为榜样，我这一辈子就做了一个海洋水色遥感的好梦。而在这个梦想中，常常伴有童院士的激励和引领。童院士于我胜如恩师。今年，正值童院士九十华诞和《诗意科探　九秩华年——童庆禧院士遥感从研六十年》一书付印之际，我真诚地祝愿敬爱的童院士寿比南山、福如东海！科技之树长青！

　　谨以此为序，为贺！

中国工程院院士

我国遥感技术的杰出资深院士——童庆禧先生

在即将来临的童庆禧院士90华诞之际，中国科学院空天信息创新研究院副院长张兵邀我为他们正在着手准备出版一本图文并茂记录童院士从事遥感工作60年工作生涯一书写序言，我当即就欣然答应此项邀请。

我今天刚过了90岁的寿庆，比庆禧院士大一岁。我们两人都是上世纪50年代留学苏联乌克兰高校的毕业生。1977年我调到国家科委三局任职。在时任国务院副总理兼国家科委主任方毅领导下，参与了全国科学大会的筹备和我国科技发展长远发展计划的制定工作，并把遥感技术纳入国家科委三局的一个科研攻关项目。

为了解国内外有关发展的现状，我们首先约请中国科学院遥感应用研究所陈述彭、杨世仁两位所长和童庆禧室主任三位介绍情况。在交谈中，童庆禧的知识渊博、造诣深厚给我留下极其深刻印象。

遥感技术是一门新兴的跨学科的高新技术，技术带路人要对卫星轨道、各种光谱波段的传感器、数据传输和接收、计算机图像处理、地物光谱特性以及各方面应用等方面的知识都能全面贯通。童庆禧是我在遥感技术领域认识专家中最出色的一位。

1980年，国家科委在联合国科技发展基金会的资助下成立国家遥感中心，我是该中心的首任主任。国家遥感中心下设三个部，其中研究发展部设在中国科学院遥感应用研究所。

国家遥感中心主管对外科技合作。在对外科技合作方面，我与童庆禧有着很多项目的共同参与以及前后交叉地进行。在1978年末，童庆禧参加了与美国空间代表团访华关于引进美国陆地卫星的谈判，而我参加由中国科学院领导纪波为团长的引进美国陆地卫星地面接收站代表团赴美考察。我于1980年组团参加在曼谷举办的第一届亚洲遥感会议，1981年10月第二届亚洲遥感会议在北京召开，我代表中国用英文做了国家报告，童庆禧做了"腾冲遥感"的英文报告，得到了与会者欢迎和关注。在联合国资助项目中，1981年我与陈述彭、杨世仁参加对美国的考察，童庆禧参加了对亚洲各国进行的考察。

在参加亚洲遥感会议国际交流项目中，童庆禧在时长30年以来坚持不懈地代表中国遥感界积极组织参与，与亚洲各国遥感发展作出了重要贡献，并与各国遥感工作者结成深情厚谊。尽管我后来离开国家遥感中心，但作为国家遥感中心顾问，也十分有幸参加了逢10周年的庆典大会，在1999年由童庆禧主持在香港举行的20周年大会上，我受国家科委委托做了国家报告。2009年在北京召开的"第30届亚洲遥感会议"上，亚洲遥感协会决定"为亚洲遥感科学技术发展做出杰出贡献的亚洲各国24名科学家，颁发了特别贡献奖"，其中中国有陈述彭、童庆禧、陈为江三人获此殊荣。

我与童庆禧同志相识至今已有46个年头，在长期接触相处过程中，深切感悟到他是一名难得的科技领军科学家。他在桂林高中学习时成绩优秀，毕业后直接被选拔到苏联留学。在敖德萨水文气象学习成绩出色，积极参加各种社会活动，待人接物，与苏联同学关系良好。回国后不久就调到中国科学院地理研究所，就开始对遥感技术在国外发展情况的调研，积极参加与国外交流与合作，了解美国陆地卫星在各方面的应用，积极开展遥感光谱仪的研制和分析等基础工作。在改革开放初期，童庆禧就参与在新疆哈密和云南腾冲遥感试验，这是我国当时最综合的一次大规模航空遥感试验，为他掌握遥感技术系统研究提供了宝贵经验。

自1983年中国科学院任命童庆禧为遥感应用研究所副所长以来，他重点致力于航空遥感平台的建设，负责引进美国先进飞机，与国内上海技术物理研究所等单位合作，研制高光谱扫描仪、侧视雷达等多种传感器，在多地进行围绕地物波谱特性研究、地面同步试验，确定以资源勘察、灾害监测等研究和应用方向，形成了一整套先进、综合、完整的航空遥感技术及应用体系，并在实践中取得了丰硕成果。积极开展国际合作和交流，提高了我国遥感技术在国际上的知名度和声誉。

我是于1980年开始参加联合国和平利用外层空间委员会，1982年作为中国政府代表团成员，参加在维也纳召开的第二次联合国外空大会。童庆禧院士为1999年在奥地利召开的联合国第三次外空大会参加一系列筹备会议。由于联合国外空署十分重视小卫星的发展，筹备会上更进一步就微小卫星发展的相关问题组织了专题会议进行了研讨，童庆禧回国后即向科委国家遥感中心递送了关于发展微小卫星促进我国对地观测发展的报告。国家科委批准与英国萨里大学空间中心合作的对地观测小卫星的发展思路，即先研制一颗50米中分辨率的微小卫星，进而再发展第二颗分辨率为4米的小卫星。这两颗卫星分别于2005年和2015年发射成功后交给北京市21世纪空间技术发展有限公司以商业模式进行经营。

建立卫星遥感的体系是一项巨大的系统工程，从合作研制卫星、发射、数据传输、地面接收、图像处理到各个领域的应用，是多学科新技术的结晶。童庆禧院士曾多次陪同我到21世纪公司参观，看到此卫星数据能在各方面应用并取得丰硕成果，并成功实现商业经营，这让我惊叹不已，感慨万千。童庆禧作为小卫星创导者、组织者、学术领导人，为此做出了杰出贡献。

自2001年童庆禧院士兼任北京大学遥感和地理信息系统研究所所长以来，与北京大学教授、专家和全国遥感界精英们一起在推进"数字中国"建设和"无人机"遥感发展的道路上不断前行，成为推进数字中国、数字城市学术研究的重要阵地。

近半个世纪以来，我目睹了童庆禧先生在遥感技术发展研究上不断取得丰硕成就的全过程。他从一位在学术上造诣很深的助理研究员步步为营，成为研究员、所长和一直到中国科学院院士，为中国遥感技术发展做出了杰出贡献。

童庆禧所以能取得伟大成就，应归功于他的学富五车、聪明睿智、博学多才。他对遥感技术深谙此道，善于研究国外的发展趋势，结合国内实际情况，提出切实可行的发展方向。

40多年前，我们共同创建国家遥感中心的10多位老同事，近20年以来，从未中断持续每年举行多次聚会，畅谈友谊，交流遥感事业发展情况。我们聚会的最大问题是童庆禧院士尽管近90岁高龄，但每年大部分时间都在全国各地开展项目研究和举办讲座，很不容易才能找到他的合适时间相聚。

我在此对童庆禧院士60年以来为我国遥感事业发展做出杰出贡献表示敬佩，我们留苏联乌克兰高校毕业生有童庆禧这位学长而感到骄傲。

原国家科委委员、国家遥感中心首任主任　陈述彭

无尽的探索

  遥感的实质就是电磁波与地物的相互作用，而地球遥感最重要的辐射来源就是太阳，尤其是可见光和近红外辐射。还在20世纪60年代，我有幸作为珠峰科考队的一员，在中国登山队的配合下，从珠峰大本营到6 500米的冰川上开展了对太阳辐射的观测，特别开启了多谱段辐射特性的研究；并以此为依据，计算和研究了珠峰地区大气气溶胶的光学厚度和粒径的分布，这是我从事遥感探索的开端。4年以后的1972年，美国成功发射了世界上第一颗地球资源卫星。意识到这一举措将对地球科学、技术科学等学科会产生重大影响，经中国科学院安排，我得以参与中国科学院对地球资源卫星发展的准备工作。由于众所周知的原因，直接通向资源卫星的道路被暂时阻断，但经钱学森先生的点拨，中国科学院将遥感技术发展作为重点方向，开始下大力气扶持。1976年中国科学院遥感技术规划会，以及后来根据规划开展的新疆哈密遥感试验和尔后更大规模的"腾冲遥感""天津-渤海环境遥感""黄淮海低产农田灾害治理研究"等重大任务中，我都有幸作为主要成员参与了科学计划的制订和组织实施等方面的工作，在这些工作中经受了考验，得到了锻炼，更进一步坚定了我从事遥感研究、献身遥感科学技术发展的信心和决心。当时在我国发展遥感技术，特别是推行遥感应用最大的障碍就是缺乏遥感数据，更缺乏获取遥感数据的平台和技术手段。在我国尚无遥感卫星可用的情况下，发展航空遥感就成为了必由之路。引进先进飞机，进行遥感技术适应性改装，研制能覆盖电磁波主要区域、实施高效对地观测的遥感仪器和设备就成为重中之重。幸运的是，这一切都得以按设想进行。由于国家的支持，中国科学院从美国引进了两架先进的高空高性能飞机，并成功完成了遥感技术改装，更由于"高空机载遥感实用系统"这一国家"七五"科技攻关最大的经费投入计划花落中国科学院，14台/套从紫外、可见光、近红外、热红外、微波等新型遥感系统以及配套的操控、记录、传输、处理和应用系统的完成，使中国科学院航空遥感系统一跃成为国内外最先进的系统之一，它不仅多次飞越青藏高原和珠穆朗玛峰，翱翔于祖国的蓝天，祖国茫茫南海美丽的珊瑚礁也多次见证了它的存在。它也曾远征国外，在遥远的澳大利亚、新加坡都留下了它矫健的身影。调查资源、监测环境是它的本分，它忠于职守，大兴安岭林火、长江特大洪水、汶川大地震，哪里有灾害，它就在第一时间出现在哪里。我国的气候特点是高温与洪水同期，每当洪水季节，我们遥感人总是战斗在第一线，在那个岁月里几乎没人休过高温假。对于中国科学院遥感飞机的优越性能，以及它在国家遥感发展中曾经起到过的重要作用，我作为参与者、见证者、组织者、主持者，虽然深感自豪和骄傲，但是更多的是感到责任的重大，唯有不断进取才能不负时代的重任。

  20世纪80年代中叶，经一位在我国合作的专家透露和我国在国外进修学者传回资料表明，国外正在研制一种成像光谱的新型遥感技术，把握这一新动向，我得以和上海技术物理研究所薛永祺先生共同倡导这一新型技术的研究和发展。机会总是青睐有准备的人。就在这时应国家黄金找矿的需求，这一技术得到了用武之地，由于我国二维探测器件尚不成熟，我和上海技术物理研究所匡定波、薛永祺，还有安徽光机所章立民等人创新性地提出针对黄金成矿蚀变的特殊波段研制出了具有特征探测波段的遥感设备，取名为"细分红外多光谱扫描仪"，通过在新疆的应用取得很大成功，大大鼓舞了我们发展新型成像光谱仪的信心。在国家攻关计划和中国科学院的特殊支持下，薛永祺和王建宇研制成功有72个波段的"模块式航空成像光谱仪"。就是以这台仪器为基础，在应澳大利亚邀请，我们在澳洲城市遥感、遥感找矿等合作项目中大获成功。后来这一技术又在与日本的合作中得到进一步的验证，开创了以我国的遥感高技术支持与发达国家科技合作的先河，极大提升了我国遥感科技的国际地位。

发展总是无止境的。20世纪90年代末，我在受国家指派参加联合国第三届外空大会筹备期间，通过与国外专家的交流和对联合国外层空署重点支持方向的判断，了解到新一代微小卫星的发展已成趋势。回国后我不失时机地向科技部提出了"发展微小卫星，加快对地观测"的建议。作为首席科学家，我参与了软课题研究、技术论证和国际合作。2005年以服务北京科技奥运为重要目标、以"北京一号"命名的小卫星，发射升空并成功运营，开创了北京卫星运营服务模式。这颗重量仅为166千克的小型卫星，发射时是我国民用卫星中分辨率最高、地面观测覆盖最宽的卫星。至此，小卫星对地观测技术发展更一发不可收拾，紧接着"北京二号"和"北京三号"小卫星相继成功发射。而它们的运营公司也成为民营航天企业的典范，除北京卫星地面接收站以外还建立了新加坡、南宁和乌鲁木齐接收站，卫星数据接收范围也越来越宽，应用效益也愈益显著，公司不仅实现了我当时对科技部的"不从国家要运行费"的承诺，而且实现了卫星及有关设备由企业投融资解决的完全企业化和商业化发展模式。

随着时间的推移，20世纪80年代引进的飞机虽然先进，但已不敷国家高质量发展的需要，我又不失时机地提出建设新一代航空遥感系统的建议，同时随着信息时代的步伐，2004年我又有幸和北京大学遥感和地理信息系统研究所的教授专家们一道，在推进"数字中国建设"和"无人机"遥感发展的道路上不断前行。从本世纪开始，作为国家中长期科技发展规划（2006—2020）的战略研究专家，会同各有关部门的专家提出了"对地观测系统建设"的建议，这就是后来国家"高分辨率对地观测系统"重大专项的基础。

我是幸运的，在我学习和工作的一生得到各级领导的关怀，中学时期有一批优秀的老师授业指路，参加工作以来更是得到长辈们的教诲和指导，和长期共事的同仁们的热心帮助、悉心指导，使我明辨方向，稳步前行。我感恩于党和国家，感恩于同事们和朋友们。我的生命受之于父母，在我工作前期有像黄秉维、左大康、丘宝剑这些大家们的指导，从事遥感研究以来有陈述彭先生这样亦师亦友的长者在身旁扶持。更幸运的是，在我遥感研究的路上一直和薛永祺院士精诚合作，50年来结成了兄弟般的友谊，相互支持，共同提高。我的科研一生虽也收获了不少奖项和表彰，而今的我已是耄耋之年而近九旬，从院士的资深到退休，这些历史的印迹已成为过去并淡化在岁月的长河中，我笃信毛主席所说的："自信人生二百年，会当击水三千里"，并把它作为我，特别是晚年人生的座右铭。时代在前进，现在我的学生以及学生的学生们已经成才，将我毕生的事业和愿望继承和发扬，但我仍愿意作为他们攀登路上的一块砖，为后来者垫脚铺路，为我国遥感科技发展继续贡献绵薄之力。

2024年5月

前　言

即将迎来童庆禧院士九十华诞和遥感从研六十年之际，笔者借鉴宋朝诗人徐经孙词，略加修改，以表达敬意：六十年前今朝庆，门左桑弧蓬矢。也似恁、郁葱佳气。绿鬓童颜春未老，问寿星、模样君真是。新甲子，从头起。应门弟子已承志。

童先生出生于1935年，在即将迎来他人生九十华诞之际，作为他的学生辈倡议撰编此书以表庆贺和景仰，并回顾童先生一生所经历的苦难、转折、追求、攀登、探索、开拓、创新历程，从中发掘他无尽探索的科学精神，激励大家继续努力前行。虽然童先生现在已年至耄耋，但仍不坠青云之志，老当益壮，不忘初心，他经常引用毛主席"自信人生二百年，会当击水三千里"激励自己也教育后生，这也是他人生的座右铭。童先生在遥感领域的开拓是大家的共识，但是他总是说他只是一个先行者而已，一些事情可能比常人先看了一着，先走了一步。童先生从20世纪60年代即开启了遥感探索之路，之后路越走越宽，登珠峰首创太阳辐射分谱段测量，引领航空遥感发展，开创高光谱遥感技术，倡导微小卫星应用，参与国家中长期规划，促进高分对地观测重大专项立项，提倡数字中国建设，支持遥感商业化发展。他的一生就是不断探索和追求的一生，也是中国科学家奋进报国的缩影，作为他的学生和同事从他的人生中受益颇深。

值此童先生九十华诞前夕，组建了以张兵为主编的编委会，策划编辑出版以"诗意科探　九秩华年——童庆禧院士遥感从研六十年"为名的纪念书册。编委会成员主要有原中国科学院遥感应用研究所的顾行发、王晋年，北京大学的邬伦、陈秀万，中国科学院空天信息创新研究院张立福、张霞、黄长平、焦全军等学生代表，以及华南师范大学教授迟国彬和李岩、二十一世纪空间技术应用股份有限公司董事长吴双、北京大学教授曹和平等与童院士长期合作的同事代表。

特别感谢中国科学院遥感应用研究所郑兰芬研究员，她长期与童先生合作共事，参与项目研究与学生培养，书中涉及的诸多历史性遥感实践和珍贵资料都印刻有郑老师的身影。

衷心感谢徐冠华、李德仁、薛永祺、郭华东、吴一戎、潘德炉、龚健雅、周成虎、王桥等院士，以及原中国科学院资源环境科学与技术局杨生和原国家科委国家遥感中心陈为江为本书作序、题词和撰文；衷心感谢与童先生一起紧密工作多年的田国良研究员、项月琴研究员、迟国斌教授、李岩教授、曹和平教授等同事撰写的回忆文章；衷心感谢福州大学刘守信教授题写书名；衷心感谢广州大学地理科学学院原院长陈健飞教授为童先生画素描像。

本书共分八章。

第一章　破晓扬帆　心存高远。本章讲述童先生苦难的童年、励志求学，以及对科学兴趣盎然，不断探索未知，肩负使命赴苏留学的璀璨生活。

第二章　壮志凌云　珠峰探秘。本章回顾童先生参加珠峰考察，努力向上攀登，在海拔6 000多米的高山上首次进行太阳辐射分谱段观测。

　　第三章　遥感山河　梦启天涯。本章介绍童先生作为中国遥感最早的开拓者，参与组织了在国内具有重大影响的"腾冲遥感"和遥感机构的建立，促进了中国遥感的发展。

　　第四章　翱翔蓝天　饱览大地。本章叙述童先生组织承担的国家重大"高空机载遥感实用系统"的建设，使我国航空遥感达到国际先进水平。

　　第五章　高光谱韵　格物致知。本章介绍童先生在我国高光谱遥感技术与应用方面的开拓性工作，以及与上海技物所薛永祺院士团队合作在多领域的创新应用和国际合作。

　　第六章　星群织梦　启航未来。本章介绍童先生倡导了中国遥感小卫星及其商业化的发展，成功地支持了北京系列小卫星技术发展与应用。

　　第七章　数字乾坤　智绘中华。本章介绍童先生倡导成立了北京大学数字中国研究院，推进了数字中国建设的发展，并在国内产生了较大的影响。

　　第八章　桃李成林　芬芳满园。本章介绍童先生数十年来孜孜不倦地传道授业，培养了大批优秀的遥感科技人才，广泛分布于国内外，桃李满天下。

　　在以上八章正文之后的"同事、学生眼中的童院士"部分，选取了在童先生科研生涯不同阶段的代表，他们以生动的笔墨讲述了一个个与他相识相知的点滴故事。本书除文字和插图之外，还收集了童先生的大量照片，以期生动表达先生的工作和生活经历。本书的编辑出版，凝聚了众多编撰人员和学生们的心意和心血，在此对他们的付出表示感谢。在本书编辑过程中，得到中国科学院空天信息创新研究院、北京大学遥感与地理信息系统研究所、广州大学地理科学与遥感学院等单位的大力支持，在此一并表示谢意。

　　本书的问世，既作为对童先生耄耋之年、九十华诞和奋斗人生、探索无界的贺礼，也生动讲述和见证了中国遥感科技发展的恢弘历史，更希望对立志科研探索、特别有志于从事遥感科技研究的年轻人有一定的激励和参考作用。

本书编委会

目　　录

第一章　破晓扬帆　心存高远

"长风破浪会有时，直挂云帆济沧海"

"风声雨声读书声声声入耳，家事国事天下事事事关心"——育人既要致力于读书学习，又要关心国家发展需求，两者紧密结合，才能做到以志求学、以学成才、以才致用、以用报国。童庆禧经历了颠沛流离的童年岁月和艰难的励志求学之路，新中国成立后考入当地最好的桂林中学，受学校一批优秀老师的引导，青年童庆禧的兴趣、爱好、志向很好地激发出来，逐步走向成熟，并初步形成了自己的学习方法和为人之道，朴素的家国之情开始根植于心间，并树立了一定学好本领建设新中国和为之奋斗终身的决心和目标。1955年童庆禧肩负使命赴苏留学，科学兴趣盎然，不断探索未知，全面系统地掌握了水文气象专业知识，并获农业气象"工程师"。五年留学生活结束后，童庆禧怀着拳拳的报国之心和眷眷的爱国之情回到祖国，报效祖国。

颠沛流离童年岁月

少年时期的童庆禧

1935年10月，童庆禧出生于湖北一个并不富裕的家庭。1937年，日本入侵武汉，年仅两岁的童庆禧随着父母到了桂林避难，靠着父亲东奔西走走做小生意和母亲勤俭持家缝缝补补，一家人过着虽然清贫但也平静的日子；然而好景不长，如此清贫的日子也未能维持几年，1944年侵华日军继续南下，无能的国民政府采取了"焦土抗战"，日本人又攻占了桂林，童庆禧又一次随着父母逃难到了附近的乡下，艰难度日。日本投降之后，童庆禧一家人重新回到桂林，虽然桂林山水甲天下，但当时却遍野哀鸿、断壁残垣，靠着父母含辛茹苦地做点小买卖，勉强糊口。10岁那年上山拾柴，不小心踩中了国民党撤退时布下的毒三角钉，几天后溃烂化脓，引发了严重感染的脚伤，紧急之下，母亲以娇小瘦弱的身躯背着他步行10多里地，赴当地的国际红十字医院治疗，不幸中的万幸，多亏母亲的及时送医，最终保住了那只脚，可因此耽误了近两年的学业。

多年以后，每每回忆至此，脑海里便会浮现出母亲那急急走在崎岖路上的弱小身影，仿佛自己还趴在她温暖的背上，而她的背就是他的整个世界。虽然食不果腹，但他有一颗探索求学、自强自立的心。虽然因为交不起学费而无法上学，强烈的读书欲望仍驱使他几乎跑遍了整个桂林城的小学，向校长们诉说渴求上学的梦想。他的真诚与热望终于打动了一位校长，答应可以免除他的学费，于是得到了梦寐以求的读书机会。在这种十分艰苦的环境下，他完成了自己的小学学业。知识改变命运，少年强则中国强。

谁言寸草心，报得三春晖。国庆70周年时，童庆禧的母亲被北京市列为"百名百岁老人"。家和万事兴，婆媳和睦、夫妻琴瑟和鸣、父子情深。温暖的家庭是童庆禧全身心投入工作的坚强后盾。

童庆禧母亲陈雪萍107岁时的留影

童庆禧母亲与家人合影

为中华崛起而读书

1949年11月，桂林解放。经历过苦难的人最懂得珍惜来之不易的生活，沐浴着解放后的阳光，童庆禧顺利考入了当地历史最为悠久、也最为著名的桂林中学。桂林中学的前身是宋、元、明、清四朝的广西最高学府——"府学"。1951年，桂林中学被广西省文教厅定为广西中学教改实验的重点学校。当年8月，省文教厅召开全省中学教育研究会，决定桂林中学作为学习苏联，采用苏联数、理、化、生物、俄语等科译编的教材教法和五级计分法的试点学校。这为他被选中公派留苏打下了良好的基础。在中学，他有幸遇到了一批德艺双馨的老师，有善于学以致用的化学老师、风趣幽默的数学老师、身怀绝技的音乐老师、才华横溢的美术老师，还有一位操着满口京腔从北京来的语文老师，他们本着高度的责任感和拳拳的爱国之心，循循善诱传道受业解惑，亦师亦友，将学生的兴趣、爱好、志向很好地激发出来，这段时期对青年童庆禧的人生观和世界观形成具有非常重要的意义。在他们的指导和感染下，加上学校党、团组织的教导以及对自己的严格要求，童庆禧逐步走向成熟，并初步形成了自己的学习方法和为人之道，朴素的家国情怀开始根植于心间，并树立了一定要学好本领建设新中国和为之奋斗终身的决心和目标，这种强大的动力促使童庆禧从此踏上了人生成长的快车道。

中学时代的童庆禧不仅学习成绩名列前茅，而且兴趣广泛，涉猎众多，德、智、体全面发展。课余时间里，他喜欢读书的天性得到了极大满足，在省图书馆（当时桂林是省会）大量地阅读了各种课外读物，历史小说、人物传记、旅行游记等都在他书单之上。印象特别深刻的是有个系列科普读物《趣味物理学》《趣味化学》《趣味天文学》《趣味生物学》，更是反复阅读，遨游在科学殿堂里的他，对趣味物理学、趣味数学最是爱不释手。不仅如此，他还喜欢独立思考，动手实践，尝试新的事物。他曾整日琢磨着飞机的原理，自己找来简单的材料和工具制作了飞机模型；他曾用从废弃胶片上刮下的乳剂，做起了银的还原实验；他还把星座图画下来，对照着夜空仔细观察和思考；老师要求画地图，他就用橡皮刻成山脉和铁路，大大提高了画图的效率；学校要求写暑期读书笔记，他从图书馆找了一本《七星瓢虫》津津有味地读起来，并且到田间细致观察，了解昆虫的习性和特点，最终写成了全校唯一的一篇不以小说为阅读对象的暑期读书笔记；童庆禧勤于阅读经典，如古典文学韵律诗词，至今仍能按照七律修改诗词，也喜欢外国文学，如《钢铁是怎样炼成的》；正是这本书，他萌生了有机会去苏联读书的憧憬，也磨炼了意志。

百年名校桂林中学

2005年在桂林中学100周年校庆时与新老校长及老教师合影

    童庆禧的童年是在战乱动荡的年代度过的，他从小体弱多病。他曾患肺结核而不自知，小学时又感染了疟疾，周期性犯病。上中学以后一开始他很少从事体育活动，不过那时不管你喜欢不喜欢，每天下午雷打不动的有1小时的体育锻炼时间，童庆禧当然也不例外被赶到操场。有一次他看到稍高年级的同学在双杠上锻炼，前后摆动，双臂支撑，看起来挺酷。趁他们锻炼的空隙，童庆禧偷偷爬到扛上也想用双臂支撑起来，不料使出吃奶的力量也没能撑起来，反而手臂一软掉了下来，引起同学们的哄堂大笑。受到羞辱的他，凭着不服输的精神，自己动手打造了一副做俯卧撑的"健身器械"，每天坚持锻炼，不到一年时间练成了一身的肌肉，也顺利获得了桂林市的双杠体操冠军。因此他经常想起此事，发自内心地感恩那些曾经嘲笑过他的同学们，是他们激发了他奋发向上的斗志。他还养成了学习中喜欢动手实践的习惯，这个浓厚的个人学习风格得以长期保持，多年之后的他在科研中亲手研制了大量的科学仪器或者装置，一定程度上也受益于此。

中学时代的童庆禧获得桂林市双杠体操冠军

曾在桂林中学就读过的三位院士（左起：雷啸霖、黄旭华、童庆禧）

　　童庆禧对中学时代的生活始终心存感恩，并多次回母校看望交流。他后来深情地回忆道："第一，体育给了我一个强健的身体，我在任何困难情况下学习，都能够不知疲倦；第二，美术给了我一种对整个世界看法的构思，也是世界观构造的一部分；第三，音乐给了我一种旋律，人的一生总是要张弛有度，这是一个过程"。音、体、美的综合素质训练在苏联留学期间和后来科研工作中都给了童庆禧无穷的启发和慰藉。

中意禧重回母校桂林中学（左：2000年；右：2010年）

　　多年以后，童庆禧也成为了老师，成为了传道授业、释疑解惑、德艺双馨的他们，正所谓"长大后我就成了你"！师恩难忘，老师永远是榜样。童庆禧一直在践行并传承，使我们作为他的学生后辈受益无穷。

　　在桂林中学时期，除了学业和良师方面的收获，童庆禧还结识了一生中最重要的人之一，那就是后来成为他爱人和伴侣的同班同学覃洛清女士。那时他俩都是团支部委员，学习和工作中相处融洽，彼此惺惺相惜渐生爱慕。但覃洛清是旧军官家庭出生，作为桂系的父亲曾在安徽当过县长，张国焘叛变后投靠国民党前往安徽，和覃父有过交往，学校领导在选拔他参加留苏预备生时专门找童庆禧谈话，让他慎重考虑覃的家庭成分，不要因此影响自己今后大好前程。他俩只好表面上装作划清界限，但私下里仍秘密往来，后来有情人终成眷属，伉俪情深、白首成约。

中学毕业时的童庆禧和覃洛清（1955年）

童庆禧和覃洛清的结婚照（左：1961年）、钻石婚纪念照（右：2021年）

从校服到婚纱、从青丝到白发，爱情的力量无穷大，童庆禧在最艰难的岁月，都是妻子覃洛清给予他坚定而温柔的鼓励伴他一路走来。

桂林市三位留苏学生在苏联相遇时的合影（左起：白琦、童庆禧、李继康）

半个世纪之后在桂林中学百年校庆时的故人重逢（左起：白琦、李继康、童庆禧）

　　1955年由于学期的调整，童庆禧提前毕业，当时正值国家在各地选拔留苏学生，经过严格的考核和选拔，童庆禧成为桂林市被选拔远赴苏联留学的三名学生之一，从此他正式开启了异国求学报国之路。令他感到高兴的不仅是走上了矢志报国梦想之路，而且这也意味着以后的学业和生活费用就全部由国家承担了，终于摆脱了幼年家贫而随时辍学的危机。

肩负使命赴苏留学

　　被选拔留苏之后，1955年8月童庆禧进入北京俄语学院留苏预备部进修一年，1956年暑期顺利进入苏联敖德萨（现为乌克兰的城市）水文气象学院，开始了五年的留学历程。

　　1957年在以当时社会主义阵营为主体的世界青年联欢节在莫斯科召开之际，中国组成了代表团，以团中央书记胡耀邦为团长，其中部分代表团成员从当时的留苏学生中遴选，童庆禧有幸被选为代表团的一员，参加了世界青年联欢节，既参加代表团活动，又身兼翻译，因此他得到了很大的

北京俄语学院培训时期的童庆禧

童庆禧（右一）和带领学生实习的老师合影

童庆禧在莫斯科

童庆禧在前苏联留学时与老师同学讨论

锻炼。在此次联欢节上，著名歌曲《莫斯科郊外的晚上》获得金奖，并风行全球，也成为童庆禧最喜爱的歌曲之一。后来在科技部国家遥感中心30周年有万钢部长和科技部领导参加的纪念会上，童庆禧在一些专家组成的乐队的伴奏下完整地用俄文演唱了这首歌。这不仅是一首爱情歌曲，也不仅仅是歌唱莫斯科近郊夜晚的景色，它已融入了人民对祖国、对亲友、对一切美好事物的爱的眷恋，这首歌陶冶了孤身海外游子们的情操。

迅速适应了国外陌生环境后，童庆禧与同学们相处融洽，参加学校组织的各种活动，包括文艺演出、体育比赛、野外实习等，留学生活就这样忙碌又充实地度过。他勤于向学，学业成绩优异，经常积极主动地向学校老师和同学请教和讨论问题，苏联教授们对这位来自中国的勤奋好学的小伙子青睐有加，对他的学业进步表示了极大的欣慰之情。

他不仅学业优秀，而且爱好广泛，由于体育特长获得了学校运动会体操比赛冠军，还因此赢得了升旗手的宝贵机会，也曾代表学校参加了敖德萨的体操比赛。当时的苏联高等教育非常重视对学生实践能力的培养，他还曾赴乌克兰赫尔松、哈尔科夫、俄罗斯莫斯科、乌兹别克斯坦塔什干等地实习并撰写中期论文《关于千年尺度的气候变化》。

童庆禧在苏联参加体操比赛

他也喜欢爬山，童庆禧曾说："由于纬度高，那些山峰和山谷都有季节性积雪，在山上还能看到冰川。那时候仗着年轻，到山上之后还拿冰水擦洗身上的汗水。"

青年时代的童庆禧喜欢与同学们一起爬山

暑期在农庄劳动时乘坐马车（右二为童庆禧）

由于中苏两党、两国分歧论战，关系恶化，国家组织回国进行"反修"学习，从塔什干（现乌兹别克斯坦）实习地辗转阿拉木图到新西伯利亚与同学会合，为了国家困难分忧而全部路程自行负担。之后进入了留学的冲刺阶段，童庆禧的毕业论文题目是《论棉花叶面温度的测量与棉田小气候研究》，用的是乌兹别克斯坦水文气象站的资料，以及他观测了两年的棉田能量平衡、辐射收支、气候梯度、温度分布数据。论文最重要的创新是引入了叶面温度，叶面温度可以从辐射平衡推导出来，也可以依靠仪器测量，他因此专门研制了一套测量叶面温度的热电测量仪器。通过测量研究发现，叶子的正反面温度是不同的，且叶面温度也不均匀，这主要取决于气孔的分布。回国以后，又进一步利用接触式的叶面温度测量数据对模型进行了验证。这也为他后来带领团队在华北和西北等地区开展农业观测与农业遥感应用打下了坚实的基础。

童庆禧在前苏联参加野外观测实习

1961年，童庆禧和他的同学们在经历了生活关、语言关，付出了比国内学习更多的辛勤和汗水之后，终于全面系统地掌握了自己的专业知识，以优异的成绩完成了自己的学业，顺利毕业并获"农业气象工程师"称谓，结束了五年的留学生活，怀着拳拳的报国之心和眷眷的爱国之情回到了祖国，踏上了这片让他们魂牵梦绕的土地，拥有真才实学、满载而归，报效祖国就成为了他日后最大的人生目标。

童庆禧（第二排左三）留学苏联，与同学们共庆祖国十周年华诞

敖德萨留苏同学颂春联谊会（前排右六为童庆禧；右七为科技部原部长朱丽兰；右八为商业部原副部长傅立民）

爱自己、爱家人、爱学术、爱学生、爱探索、爱祖国，童庆禧的本色就是这样的，他能战胜眼前的困难，心向所往，勤于思考，特别是善于实践，这是作为科学家的童庆禧成功秘诀，也是我们这些后辈学生需要学习的地方。

第二章 壮志凌云 珠峰探秘

"在科学上没有平坦的大道，只有不畏劳苦沿着陡峭山路攀登的人，
才有希望达到光辉的顶点"

童先生对科学探索的理解就如这首《攀登者》歌词里面唱到的那样：

> 每寸冰霜　每寸锋芒　每一步都是信仰
> 往来绝壁　那道天梯　可以是我的肩膀
> 喜马拉雅　暴风雪故乡　她正在等我前往
> 不必是我　登上绝顶　脚下群山仰望

童庆禧从苏联学成归国后即全身心投入到科研事业，在中国科学院地理研究所工作期间，亲手研制了半导体和热电型土壤温度和空气温度遥测仪器，并成功应用于田间观测，在作物耗水与农田灌溉等农业气象方面开展了系统观测研究；1966年和1968年，他两次入选为珠穆朗玛峰科学考察队员，克服高海拔地区严寒缺氧等艰苦条件，圆满完成了科学考察任务；亲手研制了大气温湿度遥测仪、滤光片式太阳分光辐射计等仪器，获取了珠峰气象、太阳辐射等珍贵的观测数据，首次完成了5 000～6 000米海拔高山上太阳辐射的分谱段观测，分析发现了珠峰大气中气溶胶对太阳辐射的衰减作用，为他从事遥感地物光谱研究奠定了良好的基础，也正式开启了他的遥感应用科学研究。

学成归国进入中国科学院

意气风发的归国青年童庆禧

1961年，童庆禧学成归国，此时正值国家三年困难时期。党和政府十分重视科学和人才，童庆禧等回国留学生们受到了国家领导人的亲切接见。时任副总理兼国家科委主任聂荣臻和副总理兼外交部长陈毅同志在中南海怀仁堂举行了欢迎会，热烈欢迎留学生归来。陈毅亲自做了报告，分析国内外形势，号召留学生们为国家建设事业奋斗，同时也表达了政府对留学生的关怀，关心他们的前途，鼓励更好地发挥自己的专业特长。党和国家领导人的关怀，给了踏上祖国大地不久的留学生们极大的鼓舞和鞭策，童庆禧服从组织分配到西北农学院（今西北农林科技大学）气象教研室任教。2023年童庆禧应邀到西北农林科技大学作学术报告时，对学校领导讲述了曾经在学校工作半年的经历，还特别去寻找过去工作和生活的场所，可惜时过境迁，旧时的痕迹已难以再现了。这时校领导才知道还有这样一位校友。童庆禧还满怀深情地回忆起原西北农学院校长兼党委书记的康迪同志，正是这位曾在延安工作的老同志顾全大局，在国家允许对留苏回国学生分配再调整之时，将童庆禧送到他更能发挥作用的地方。1962年童庆禧奉调进入中国科学院地理研究所气候室，从事气候和太阳辐射等方面的科研工作，从此开启了科学研究的新征程，也揭开了他人生舞台上重要的一幕。

调入中国科学院地理研究所后，童庆禧有幸得到了他在学生时期就已熟知的一批知名学者的指导，如著名气象气候学家吕炯、丘宝剑、左大康、江爱良等，进而又在我国著名地理学家、地理研究所所长黄秉维先生直接领导和亲自指导下，开始从事农田小气候和热量水分平衡的研究工作。

中国科学院地理研究所工作时期的童庆禧（二排右一）

1976年在917大楼前与来访的外宾合影（右三为童庆禧，右四为左大康；左起：二为陈述彭，
六为地理所党委书记李秉枢，八为时任所长李子川）

1999年童庆禧向黄秉维院士致敬

1971年童庆禧在地理研究所原址——
917大楼前留影

童庆禧针对我国华北地区干旱、盐碱和风沙等严重问题，在作物耗水和农田灌溉方面开展了系统的观测研究和深入分析，以期得出一些科学认识，最终为华北地区农业生产和发展提供科学指导。为此，童庆禧和他的同事在野外建立了观测点，不分昼夜地进行观测和记录，尝试和开展了各种实验，对实验数据进行了认真整理与分析。他同时还亲手研制了半导体和热电型土壤温度和空气温度遥测仪器，并成功应用于田间观测。经过长时间的持续观察和资料积累，他们获得了许多宝贵的第一手科学资料，摸索出了一些规律，并逐渐对农田蒸发、田间需水和定量灌溉等问题有了明晰的思路，在理论和实践上都获得了良好进展。正当他们满怀信心地要大干一场，争取对研究有所突破时，"文化大革命"开始了。这项有着重要现实意义的科学研究被迫停止，而且令人痛心的是，很多长期辛苦积累的资料也因此遗失，功亏一篑。这成为他参加工作以来遭遇到的第一次遗憾和惋惜，每每想到这些，事隔多年依然难以割舍。

参加珠穆朗玛峰科学考察

1960年，中国登山队从北坡第一次登顶珠穆朗玛峰。这一壮举鼓舞了处于困难时期的中国人，在国际上也产生了很好的反响。登山者登顶后曾留下标志中国登山队登上主峰的纪念物。1963年美国一支登山队从南坡登上珠峰，并进行了一些科学观测活动。事后宣称没有发现中国登山队登上顶峰的痕迹，在国际上掀起一股否定中国登顶的舆论。在此背景下，作为国家体委主任的贺龙元帅决定重登珠峰。在贺龙和聂荣臻两位副总理的倡议和领导下，1965年国家体委和国家科委共同组织了珠穆朗玛峰登山科考队，要求在攀登珠峰的同时，对珠峰地区进行全面、多学科的科学考察。这一有数百名科技工作者参加的大规模珠峰科学考察不仅在我国是一个创举，在国际上也是十分罕见的。中国科学院自然资源综合考察委员会（综考会）负责组织科考活动，由地质所刘东生、冰川所施雅风和上海生理所胡旭初等老一辈专家任业务队长，综考会冷冰同志任行政队长。凭借业务、身体等各个方面的优势条件，童庆禧幸运入选，成为科考队的一员，与冰川所谢自楚、曾群柱、寇友观等人负责开展高山太阳辐射和冰川小气候方面的观测和研究工作。新的机会和考验又落在了他的身上，要在6 000米以上高海拔地区严寒缺氧的环境下进行科学观测和考察，这容不得丝毫含糊和随意，甚至更多的时候可能是一个人独立工作，无疑又是一个全新的挑战。童庆禧没有丝毫犹豫，义无反顾地接受了这个任务。

1966年的珠峰科考路线（这条路线深深印在童庆禧的脑海里，近60年后的今天，他三易其稿，精心绘制出此图）

童庆禧在5 000米珠峰大本营

　　1966年3月，登山科考队进驻珠峰海拔5 000米的大本营。为了获取更高山区的观测数据，每位科考队员要背上四五十公斤的仪器和全部生活用品，甚至包括帐篷、被褥、炊具、食品等。童庆禧一个人带着观测仪器在珠峰6 500米登山队的前进营地设立了观测点。6 500米正是珠峰主体横空拔起的高度，著名的北坳横亘于此。在这里仰望晴空，并不像人们想象的蓝天，而是似乎令人窒息的黝黑色，只有那珠峰顶上的旗云伴随着耀眼的太阳翩翩起舞，构成了一个既浪漫更艰苦的"高处不胜寒"的环境。在这氧气不足海平面1/3的高山上，要克服的问题不仅是严重的高山缺氧，还有一个人的孤独和寂寞。夜间除需要定时观测外，总是合衣钻进帐篷和睡袋。由于帐篷外是零下20多度的严寒，因呼吸出来的水汽在帐篷顶上凝结成厚厚的冰霜，早上起来时抖动帐篷，这些冰茬掉进脖子里，冷得发抖。在晴朗之夜，漆黑的夜空缀着满天的繁星，银河显得特别耀眼。特别在阴天，这里时而是伸手不见五指的黑暗和除自己的呼吸以外没有任何声音的死一般的寂静，时而又是狂风呼啸并会从不远处传来雪崩的巨大轰鸣。面对着这雄阔空蒙之境，他惊叹于大自然鬼斧神工之余，身心却经受着严峻的历练，他的人生观也因此愈加豁达起来。

　　白天伴随着第一缕晨曦就得从狭小的高山帐篷中钻出，架设仪器进行观测。童庆禧在这个高度上的观测工作不是一两天，因此生活，特别是吃饭就成了一大问题。平日的好胃口在这个高度上完全变了，他随身带着各种罐头和"美味"食品，但由于高山反应，看到这些在那个年代很难吃到的红烧肉、黄焖鸡等罐头都会生出恶心和呕吐的感觉。渴了，利用煤气炉溶化一点雪水解渴，在这个高度上气压不足平地的1/3，水在70℃左右就开了，既煮不了米饭也下不了面条。他发现将面粉调成糊，用钢精锅的盖子翻过来摊上一张薄饼，可以做熟充饥，这就成了在这里最美味的食品，也是他的一大创举，也是在那种低气压条件下唯一能将食品做熟的一种方式。就在这样的环境下，他一个人坚持了一个多星期的连续观测，获得了表征珠峰高山地区太阳辐射和大气特性的一批宝贵科学数据和资料，出色地完成了这次考察任务。

童庆禧在珠峰5 900米营地小憩

童庆禧在珠峰东绒布冰川6 000米高度上的冰塔林中穿行

珠穆朗玛峰补充科学考察

1966年5月他从珠峰下来时，正值"文化大革命"爆发。在那个年代曾经留苏的他，怀着对党的感恩之心理所当然与当时的造反派意见相左，也受到冲击，但他仍没有放弃对在千辛万苦条件下获得的宝贵资料和数据的整理和分析。他在查阅文献中发现，1963年美国科学家在珠峰尼泊尔一侧的高山冰川上也进行了几乎同样的观测和考察活动，他们根据对观测数据的分析得出了与我们大相径庭的结论。他们认为，珠峰上的大气并不像想象得那么清洁，它对太阳辐射的衰减甚至和印度海平面上的城市差不多。面对这个迥然不同似乎有悖常理的结论，童庆禧陷入了深深的思考之中。凭着对科学规律的判断，他深信一定有什么事件影响了美国人的观测结果，但仅凭手头的这一次观测数据是无法做出有科学依据的结论的。他多想能再有一次机会重登珠峰，进一步开展更有针对性的观测，获取更多更有说服力的数据，以便能与国外学者进行一次对话。

第二次珠峰科考科研小组部分人员在珠峰5 000米绒布寺大本营（右一为童庆禧）

这个机会终于来临了，机会总是留给有准备的人。由于1966年珠峰的科学考察获取的大量数据，观察到的大量现象印证了毛主席提出的"有所发现、有所发明、有所创造、有所前进"的思想，当年10月《人民日报》头版发表了"无限风光在险峰"的社论，再次激励了科研人员的探索热情。在中国科学院竺可桢副院长的亲自主持下，经中国科学院和国家科委批准，再次组织对珠峰的"补点"考察。为了这次难得的考察机会，童庆禧进行了精心的准备，他特邀天文台太阳和恒星组的专家同上珠峰，以进行更为细致的观测研究。他深知观测仪器的重要性，他和研究组的同事们查资料、画图纸、搞设计、跑材料、买器件、忙加工、做实验，在短时间内夜以继日研制成功了温度湿度遥测仪和滤光片式太阳分光辐射计。虽然登珠峰考察只是童庆禧等少数人，他一直忘不了那些夜以继日为这次考察作准备的同事们，他们是：项月琴、苗曼倩、吴庆森、郑占军、樊仲秋，以及后来参与数据处理和分析的周允华。在进行了充分准备之后，1968年3月童庆禧带着大量的科学仪器，与新组建的科考队再次奔赴珠峰开始了新的征程。

1968年童庆禧在珠峰海拔6 300米处调试观测仪器，背后就是珠峰峰顶

童庆禧（左后）在珠峰大本营安装调试太阳望远镜

童庆禧（前）在珠峰攀登行进中，后为考察队员谢应钦

　　1968年的这次科考因为没有了登山运动员的开路和帮助，其艰苦程度要远超出1966年。在珠峰5 000～6 000米的高度上，即使是徒步攀行都举步维艰，更何况还要背着所有的科学仪器、帐篷、食物等生活用品，背负着40～50公斤的重量哪怕爬上几米，也是一个严峻的考验，这种攀登的体验直到现在他都念念不忘。前两年有一部名为《攀登者》的电影里一首插曲里的一句词"每一步都是信仰"，引起了他强烈的共鸣。从设在5 000米科考队的大本营到海拔6 500米的计划观测点，至少需要艰难地跋涉2～3天，这确是一段动人心魄的攀登之旅。在整个珠峰科学考察队中，他们这个太阳辐射和冰川气候观测组是爬得最高的攀登者。他们原定的观测点就是童庆禧1966年开展观测的6 500米高度上原珠峰登山队的前进营地。

　　就在科考小组爬到6 300多米的陡峭冰坡时，由于两年来冰面的变化，在他们行进的路线上出现了几条深不见底、无法逾越的巨大冰裂缝。由于没有登山队员的配合，无法与有经验的登山队员结组，他们不得不改变原来制定的计划，退回到一个海拔高度在6 300米上下、方圆数平方公里的巨大冰川粒雪盆上建立新的观测点，计划进行一周以上的连续观测。他们在这氧气含量不足平原1/3的冰原上，冒着零下十几度的严寒和刺骨的朔风，自己动手搭建帐篷，布设观测设备。低矮的高山帐篷，既是他们夜间就寝的卧榻，又是接收遥测数据的"实验室"。由于缺氧，出入帐篷就像在平原地区奔跑百米消耗的体力相当，往往每完成一点动作就要停下来喘上半天气。

　　观测期间，曾群柱和沈志宝两名队员由于高山反应先后身体不适，童庆禧顾不得白天的劳累和同样的高山反应，两次踏着夕阳投下的余晖，徒步好几个小时，将他们一个一个地安全送到5 900米和5 500米有人值守营地。为保证观测工作的延续性，当晚九点多钟又独自一人连夜返回6 300米的观测点。如此行道之难，假使李白身临此境恐怕也要感叹一番世上还有比蜀道更难之道，基本都是在嶙峋石头中穿过来穿过去，间或个别地方又是冰面，广袤的天宇上孤零零地挂着一弯月亮，点点的寒星像受了冷冻似的不安地俯看着地面，周围的冰塔和高耸的岩石在朦胧的夜色中仿佛像踊跃的怪兽，伴随着呼啸的山风，张牙舞爪地从四周涌来……在一个离天如此之近的地方，对古人的"不敢高声语，恐惊天上人"真是有了深刻而奇妙的体验感受。就这样他一步一步地向上攀登又回到自己的岗位，坚持完成了最后几天的观测。独自一人一边克服高原反应完成任务，一边克服绝对的寂寞，这是多么磨炼人的意志啊！没有一个强健的体魄和顽强的毅力要完成这样的艰巨任务谈何容易。

童庆禧在珠峰6 300米观测点用自研的仪器测量太阳的光谱辐射（右图背后为珠峰峰顶）

童庆禧与其他科考队员就在这样极端艰苦的环境下，克服重重困难险阻，目睹了地球之巅的壮丽景色，凭着对探索科学真理的满腔热血，出色地完成了第二次珠峰科考任务，不仅为个人人生书写了浓墨重彩的一笔，也为我国的高原科考事业立下了汗马功劳。童庆禧特别感谢那些在艰苦的环境下相互鼓励、相互扶持的考察队员们，以及他们在艰苦的工作中共同凝结成的战友之情。他们是原兰州冰川冻土研究所谢自楚、谢应钦、寇有观、曾群柱，北京地理研究所鲍士柱，天文台的李其德、兰松竹、胡岳风，北京大气物理研究所的高登义，兰州高原大气研究所的沈至宝。

凯旋的科考勇士们在布达拉宫前留念（前排左一为童庆禧）

　　童庆禧的辛苦没有白费，通过这几次珠峰科考所积累的宝贵的高山环境太阳辐射资料的分析，很好地揭示了太阳辐射及其光谱成分随着高度的变化规律。不但如此，通过调研大量的国内外文献，终于在一篇国外对1963年3月印度尼西亚巴厘岛阿贡火山一次巨大的喷发的报道中得到启发，那次火山大喷发在低纬度高空形成了火山灰环球带，从而直接导致对太阳辐射的大幅度衰减。同期澳大利亚的观测结果，1963年7月到8月，太阳辐射被减弱了24%，直至1964年7月至8月间仍然比平均值低16%。通过对苏联和美国12个辐射站的资料分析，也发现了自阿贡火山爆发以来的太阳辐射在这些观测站同时出现下降趋势，甚至直到1966年，太阳辐射也只有平均值的93%。在人们对于恐龙灭绝所作的种种猜测中，一种观点认为，大规模的火山爆发导致的火山灰遮掩了太阳，火山灰长时间地飘浮在空中，导致地球生命因到达地表的太阳辐射减少而削弱了光合作用，不足以制造充足食物或者因寒冷而死亡，这样的假设并非空穴来风。科学事实表明，一次巨大的火山喷发所产生的灰尘对太阳辐射会造成巨大的影响。童庆禧通过对科学文献的分析和自己的观测数据的对比，推测美国人1963年在珠峰南侧进行太阳辐射和大气气溶胶的测量因受到当时存在高层大气中很浓的火山灰影响，从而导致了他们的片面结论。我国1966年的观测结果虽也受到一定的影响，但其影响幅度要小得多。

　　童庆禧与项月琴为此专门撰写了一篇科学论文《珠穆朗玛峰地区的大气透明状况》，然而由于当时环境使然，只能收录在科学出版社出版的《珠穆朗玛峰地区科学考察报告：1966—1968　气象与太阳辐射》专册中，而未能了却他期望和国际上其他科学家对话的心愿，这成为他早期职业生涯中的一大遗憾。在这部科考报告中同时收录了他与鲍士柱撰写的《珠穆朗玛峰地区太阳辐射光谱组成》、他与林元章、项月琴撰写的《珠穆朗玛峰地区微量水汽对太阳辐射的吸收》等多篇论文，弥补了珠峰地区长时期的某些气象资料和辐射研究空白的状态，也为今后研究提供了重要的科学依据。

童庆禧与项月琴撰写的珠峰地区大气研究论文

童庆禧的多篇论文收录在《珠穆朗玛峰地区科学考察报告》中

　　尽管珠峰科考距今已有50余载，但童庆禧等科考队员对珠峰这块全球独特的地域单元与科研圣地，对考察时的日日夜夜仍然难以忘怀，曾经克服的重重困难、穿行在冰塔林与绝壁间的豪迈、收获的珍贵数据资料历历在目，一有机会他们就会重返这块他们挥洒过青春热血的地方，而因科考并肩作战结下的深厚情谊历久弥新，使他们成为一辈子的科研挚友。

2003年童庆禧访问西藏期间与郑度院士在拉萨贡嘎机场
（珠峰科考时童庆禧在气象与太阳辐射组，郑度在植被土壤组）

2004年童庆禧与时任中国科学院副院长孙鸿烈在学术会议上
（珠峰科考时孙鸿烈在植被土壤组）

　　亲历两次珠峰的科学考察，在科研信仰的激励和指引下，童庆禧不仅磨炼了意志，而且研制了温湿度遥测仪和滤光片式太阳分光辐射计，测量了珠峰地区太阳直接辐射的强度，发现了 5 000～6 000 米高度上大气中气溶胶对太阳辐射的衰减作用，并且与1963年美国科学家的观测结论进行了"隔空对话"，可谓成果丰硕。而同样是光谱观测，在珠峰是对太阳，在大多数野外/航空/卫星遥感研究中则是面向地表物体，两者虽有差别，但原理是相通的。因此，从这种意义上可以说，1968年在珠峰对太阳辐射的分光观测，为童庆禧后来从事遥感地物光谱研究打下了良好的基础，也是他进行遥感探索的开端。

2024年童庆禧与原国家科委委员、国家遥感中心首任主任陈为江合影

第三章　遥感山河　梦启天涯

"欲穷千里目，更上一层楼"

　　"文革"期间，童庆禧虽然遭遇各种冲击，但他深信国家不会永远这样下去，社会一定会走向正常，因此始终通过各种途径学习新知识、跟踪国外先进技术。1975年，童庆禧向钱学森同志汇报中国科学院关于研制我国地球资源卫星的调研情况，正是那次汇报，为中国开展遥感技术研究奠定了基础。1977年童庆禧主持面向"富铁找矿"的新疆哈密航空遥感实验，是我国第一次对国内研制的多种遥感仪器设备的大练兵。1978～1980年参与组织了在国内具有重大影响力的"腾冲遥感"国家级大型科学实验活动，开展了多达70多个专题的技术试验和应用研究；积极参与了中国科学院遥感应用研究所的筹备工作，推动中国遥感卫星地面站（密云站）于1986年建立，参与中国科学院、国家层面一系列遥感规划与攻关计划的制定、立项论证，2004年主持的"对地观测系统建设"顺利进入了国家中长期规划16个重大专项，后调整为"高分辨率对地观测系统建设"，2013年和2014年随着"高分一号"和"高分二号"卫星的发射和运行，我国开始进入了米级和亚米级高分辨率对地观测时代，极大地促进了我国遥感的发展。

中国遥感事业的起步

当我国进入"文革"之时，国际上科学技术正发生着日新月异的变化，新技术、新发明层出不穷，新领域不断开拓。所有这一切都深深地吸引了童庆禧，使他的目光从周围的纷乱和喧嚣中转移到了国际科技新领域上，经广泛调研和深入思索之后，他选择了与原来所从事的太阳辐射观测联系紧密的遥感。

遥感是在上个世纪，特别是"二战"以后在实践中发展起来的，即使"遥感"（remote sensing）一词也是1962年才在一次国际会议上被正式提出来。此后，经各国科学家的努力，逐渐发展成为一门新兴科学与技术。早期的遥感以航空为主，直到1972年美国发射了第一颗地球资源技术卫星（1976年始更名为陆地卫星Landsat），才标志着国际上航天遥感时代的到来。20世纪70年代初期，童庆禧与一批志同道合的同事们组成了团队，开始了中国遥感科学技术探索之路。当时正值中国科学院开始谋划新兴科学技术的发展问题，中国科学院组织了对"地球资源卫星"的大规模调研和论证。当时还是一名研究实习员的童庆禧，成为这一调研项目最早的参与者之一，中国科学院地理研究所除童庆禧外还有阎守邕、魏成阶等人被指定为调研组成员。除了地理研究所，调研和论证工作组还包括中国科学院的自动化研究所、电子研究所、西安光机研究所、长春物理研究所和上述院机关的科技人员和管理专家。

酝酿于1973年，正式成立于1974年初，经过一年半左右，调研组对中国科学院研制"地球资源卫星"从国家需求、系统组成、技术指标、技术路线、分工协调、研制进度等各方面进行了详细全面的论证和规划，提出了一个基本路线图。在中国科学院基本完成了对"地球资源卫星"的调研论证和规划的前提下，郁文秘书长邀请了时任国防科学技术委员会副主任的钱学森同志，向他汇报调研情况，争取国防科学技术委员会的支持。

1975年7月的一天，钱学森同志来到中国科学院院部，听取中国科学院关于研制我国地球资源卫星的调研情况汇报。童庆禧被指定作为主汇报人，向钱学森汇报了调研组调研结果。钱学森表示，在当时我国有关卫星运载技术、太阳同步轨道的发射和卫星测控技术、卫星轨道控制技术等各方面发展均不成熟的情况下，发展研制这类技术复杂，对卫星轨道、姿态、有效载荷等要求都很高的太阳同步地球资源卫星的条件和时机尚未成熟，直接进入卫星的研制不仅研制技术条件难以保障，而且发射测控等配套条件都有很大的难度，即使中国科学院将卫星研制出来也无法发射而只能躺在实验室。这时，郁文秘书长就请教道："学森同志，我们下面到底该怎么办？"钱学森话锋一转，开始讲美国研制"地球资源卫星"的背景，讲到了喷气推进实验室（Jet Propulsion Laboratory，JPL）和在美国威罗兰红外光学实验室基础上建立起来的密歇根环境研究所（Environmental Research Institute of Michigan，ERIM），从这些研究机构的基础工作和所取得的成就，讲到了他们严谨周密的研究计划。最后钱学森一语道破："这个基础是什么呢？这就是遥感技术，必须首先发展我国的遥感技术，先抓遥感！"。没有遥感，卫星就没有了眼睛，而遥感又涉及可见光、红外、微波等谱段，要首先从这些基础研究做起。

　　钱学森特别讲到了美国上述两个重要研究机构在遥感方面所做的基础性、先导性和应用性的工作，比如先进的光学、红外载荷系统、地物光谱测量等。钱学森高瞻远瞩地提出，中国科学院要像1956年抓"十二年科技规划"中4项紧急措施（即发展计算技术、半导体技术、无线电电子学、自动化技术，而中国科学院计算所、半导体所、电子所和自动化所就是在这一背景下相继成立的）那样，将遥感技术发展摆在十分重要的位置来抓。只要把遥感技术搞上去了，地球资源卫星研制也就"水到渠成"了！钱学森还建议，当前我国也要充分用好美国地球资源卫星的数据资源，使其为中国的现代化建设服务。

　　钱学森在这次重要讲话之后不久，又托人将1973年美国"地球资源技术卫星"技术和应用研讨会文集（上下两部）带给童庆禧。这是一次具有关键意义的会议，钱学森高屋建瓴地提出了中国科学院要大力发展遥感技术的建议，为中国科学院进而在全国开展遥感科学技术的发展指明了方向，为我国遥感技术的发展奠定了重要基础。钱学森在科学院的讲话及后续的帮助，也大大加深了童庆禧对发展遥感科学技术的认识。

　　钱学森的观点得到了中国科学院和国家科委的高度重视，经过一年的筹备，1976年10月初在上海衡山饭店召开了全国遥感技术规划会，商讨遥感发展战略、规划发展路线和制定行动计划。这次遥感技术规划会是具有划时代意义的我国第一次综合性国家级遥感规划会，陈述彭先生和童庆禧作为院指定代表参加了这次重要会议。会议期间，传来了"四人帮"倒台的消息，像童庆禧一样的众多科学家期盼已久的科学春天就要来临了，与会学者纷纷以饱满的热情投入了工作。这次会议制定的规划涵盖了地物光谱特性在内的基础性研究，光学、红外、微波遥感器的研制，地球资源卫星和天文卫星的发展以及遥感在农业、植被、森林、地质、水文、测绘制图等众多领域的应用研究。此后，童庆禧还被国家科委和中国科学院指派参加了1978年8月在北京举行的"全国自然科学学科规划和全国科学技术规划"会，时任国务院副总理、国家科委主任的方毅亲自领导了这次全国性的重要会议，这次会议将包括遥感技术发展在内的我国空间科学技术发展正式纳入了国家规划。

　　这段时间是中国科学院也是我国遥感技术与应用发展起步的关键时刻，后续的实践证明，当时中国科学院谋划的这个方向是正确的，童庆禧和同事们倡导和探索的方向指向了光明之路。至此，在中国遥感技术正式驶入了发展快车道。

中国遥感应用的初探

　　1976年中国人民先后失去了几位共和国的缔造者和领导者，同年中国经历了唐山大地震的巨大灾难，这一年又是对我国发展遥感技术十分关键的一年。1976年4月，中国科学院地理研究所派出童庆禧和魏成阶，参加了中国第一个遥感技术考察团应邀赴墨西哥考察，考察团团长由上海技术物理研究所匡定波担任，除童庆禧、魏成阶外，还有北京自动化所陈贻运、院三局蒋廷乾、长春光机所赵庆阁以及院外事局（兼翻译）陈祥春。这是第一个以"遥感"正式命名的出访代表团。访问回来不久，1976年7月27日唐山大地震发生。地理所的科研人员立即投入抗震救灾，以陈述彭为首组成的唐山地震震灾航空调查与制图工作组，在很短的时间内利用航空像片和卫星影像完成并向抗震救灾部门提交了1：50万《京津唐地区卫星影像图》、《京津唐地区断裂构造卫星图像判读分析图》以及《京津唐地区活动断裂分析图》等地震遥感调查和分析成果。

我国第一个遥感考察团访问墨西哥时与墨方人员合影

鉴于对地震活动遥感机理的认识，唐山地震后，陈述彭、童庆禧等提出开展地震区域红外遥感研究的倡议，得到了中国科学院、国家地震局的重视。该研究由中国科学院地理研究所与上海技术物理研究所共同承担，地理研究所负责实验的组织工作以及相应的地面测试和调查，上海技术物理研究所负责保障航空红外扫描仪及飞行数据获取。这项工作得到了中国人民解放军的大力支持，空军专派一架"里-2"型飞机协助中国科学院进行红外遥感飞行。飞机于1976年9月25日转至北京沙河机场，以沙河机场为基地，在京、津、唐地区进行了多架次以夜航为主的遥感飞行。上海技术物理所红外飞行组由薛永祺、邬锡良率领，地理所则由魏成阶、龚家龙等负责地面保障工作，这也是地理所第一次组织实施的单项航空遥感任务。

童庆禧在完成这次红外遥感飞行的准备工作以后，即和陈述彭先生奔赴上海参加遥感规划会。当时所用的红外扫描仪采用胶片记录暗房冲洗获得地面的红外影像，第一次在地震后的唐山地区获得了大量的热红外遥感数据。在以地理所为主体的遥感应用人员通过大量航空相片结合地面调查解译完成的"京津唐地区红外遥感活动断裂构造分析"报告中，这些红外遥感数据起到了参考作用，初步彰显了航空遥感技术在灾害监测与调查方面的应用潜力。

1976年的另一重要事件是4～5月间日本东京举办了"农林水产展览会"，会上展出了三台遥感设备：多光谱相机、多光谱彩色合成仪和密度分割仪。双方组织了遥感技术座谈，童庆禧被指定作为此次中日遥感座谈会的负责人，当时参加交流会的有上海技物所薛永祺、西安光机所李玉林、北京工业学院耿立中、地理所阎守邕、王长耀等人。这次为期一个月的座谈会，深入讨论了遥感技术方面的问题，掌握了展出仪器的性能，也结识了日方遥感界的朋友。最为难能可贵的是，童庆禧第一次结识了薛永祺，自此开始了他们两人长达近50年不是兄弟胜似兄弟的合作情谊。1997年和1999年他俩分别被评为中国科学院院士。

1976年10月，上海遥感规划会除了布署各类遥感仪器设备的研制外，还决定由中国科学院会同当时的国家地质总局结合富铁找矿会战开展一次应用实验。这是落实1976年遥感技术规划会的第一项重大实验计划，童庆禧被指定为中国科学院方面的负责人组织和主持了1977年以富铁找矿等地质研究为主要目的的新疆哈密航空遥感实验，该实验由中国科学院与当时的国家地质总局联合开展，而国家地质总局的实验负责人为曾昭明（后来为地矿部遥感中心主任）和陈荫祥。该实验是我国第一次采用国内研制的多种遥感仪器设备开展的较大规模的航空遥感行动，将上海遥感规划会布署的多波段照相机（由长春光机所研制）、热红外扫描仪（上海技物所研制）和地物光谱仪（由童庆禧主持研制）与常规航空摄影相结合，以地质应用需求为驱动，有力地促进了遥感技术的发展，开创了我国多种遥感仪器地质遥感应用的先河。此外，长春物理所和长春地理所在哈密还进行了微波辐射的测量研究。

哈密航空遥感实验由于是上海遥感规划会的一次与国家当时开展的"富铁找矿"相结合的国家行动，因此由中国科学院和国家地质总局行文上报，并得到国务院和中央军委的批复和大力支持，指定由空军航测团派飞机执行，由于航测团的高度重视，专派了具有丰富飞行经验的马凤刚伊尔-14机组执行此项任务。哈密遥感指挥部和基地设在新疆鄯善机场，遥感飞行区域根据地质部门的建议设在鄯善县东南阿齐山东南一片荒漠之中。这里离鄯善县有200多公里，而离罗布泊仅约150公里。

考虑到在这种一马平川的荒漠上飞行，地面没有任何可供参照的标志物，在航空技术比较落后的当时，飞机一般只能靠磁罗盘和目视导航，而偏偏在试飞时发现在这个地区罗盘信号混乱失灵，而热红外必须在夜间飞行，按遥感或航测的要求，其飞行难度可想而知。有鉴于此，童庆禧他们和飞行机组商量，采用地面篝火的方法来为飞机导航。于是派出了6位具有野外经验的人员，两人一组，到现场布置火点。他们乘坐解放牌卡车提前到现场，用汽车拉拔出那里枯死的胡杨根按2公里的距离布置了三堆篝火并留下一桶汽油准备引火。那时没有任何通信设备，所有的工作只能靠事先的约定进行。就这样他们创造了用三个火堆导航，飞行了6条航线，完全满足了遥感测量的要求。这是环境逼出的智慧，也是机组飞行技术高超的体现。这些事例在现在航空自动导航技术和卫星导航技术高度发达的今天，是完全不可想象的，这一方法后来在腾冲遥感的夜间红外飞行中又一次得到了验证。

哈密遥感期间很少有人会有相机照相，下面这张照片是当时留下的极少数照片之一。也不知摄影者是谁了，这是童庆禧和长春物理所、地理所的微波参试人员的合影。

1977年童庆禧（左三）主持新疆哈密航空遥感实验

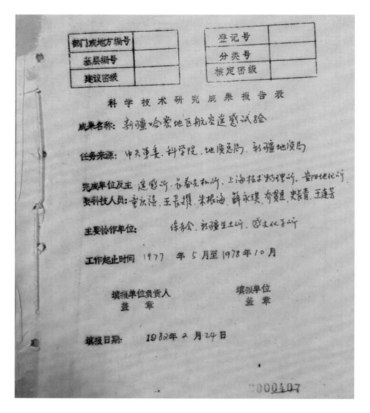

"新疆哈密地区航空遥感试验"科技成果报告

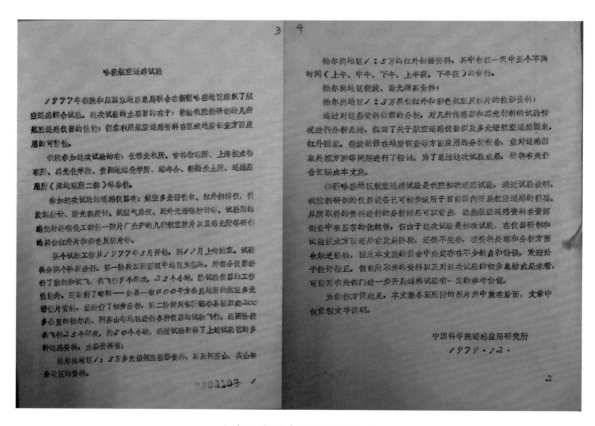

哈密航空遥感试验报告文集

中国遥感腾飞的起点——腾冲遥感试验

1977年正值大家紧锣密鼓按遥感规划会议精神准备哈密航空遥感试验之时，从外交部通过国家科委传来一则消息，欧洲某国总理将来华访问，并希望与我国建立一定的合作关系。由于该国是与新中国建立外交关系最早的西方国家之一，我国也很重视这种合作关系。于是外交部和国家科委希望中国科学院能提出适当的科技合作项目。鉴于在前期对国际遥感技术发展，特别是对该国的了解，童庆禧大胆提出了与该国开展以航空遥感为主题的遥感技术合作建议。"机会是留给有准备的人"这句话是非常有道理的，这一合作项目一经提出即被两国联络小组采纳，列入了两国的合作目录。在经过遥感规划会之后，遥感已成为当时中国科学院的重点发展方向，当时，无论是技术还是应用几乎都是从零开始，而总理将要来访的这个国家是除美国之外遥感技术最为发达的国家之一，具有多型遥感飞机和包括光学、红外、多光谱扫描仪和真实孔径侧视雷达等多种遥感仪器。如果能够顺利合作，将对我国刚起步的遥感技术发展定有所裨益。

中国科学院对此次合作十分重视，成立了以陈述彭先生和童庆禧等为主的筹备小组，提出了合作的技术实验方案。这一方案的要点是：由对方负责派遥感飞机携带多光谱扫描仪和侧视雷达到我国选定的试验区进行遥感飞行，获取多类遥感数据，中方负责开展野外调查，提供试验场的基础和实况数据，双方共同开展遥感数据解译分析，成果共享。在拨乱反正和改革开放初期，提出让对方的遥感飞机到我国境内飞行并获取遥感数据的这一方案设想似乎太过敏感和大胆。这绝非国家部委级部门所能决定的，必须报国家最高决策机构。经国家科委和外交部会签，中国科学院发文呈报国务院和中央军委后，由军委指定总参谋部与中国科学院共同协商有关实验的一些具体事项，特别是遥感飞行试验区的选择更是敏感中的敏感问题。中国科学院指定由童庆禧和朱振海与总参作战部具体商议，由于总参作战部地处北京郊区，为联络方便，中国科学院郁文秘书长甚至把前苏联生产的一辆当时部级干部使用的"吉姆"牌座驾作为童庆禧他们与总参往返联络之用，中国科学院对这个项目的重视程度由此可见一斑。

与总参的协调主要集中在选择和确定遥感试验场区、军方对合作实验的支持等方面。因飞行试验场选择问题太过敏感，是双方磋商的重点。中国科学院专家经过讨论和准备，提出了在华北、华南、西南等地区的多个试验场区的设想方案，都被总参一再否定。多次讨论下来最后还是请总参方面给与帮助，经总参作战部的全面考虑才使问题得到圆满解决。总参的提议就是以云南腾冲地区作为遥感合作的试验区，供双方开展遥感合作实验，这就是腾冲遥感的起因。为了安全和方便起见，我方的主要原则是对方的飞机不能在中国机场起降，直接由欧洲飞缅甸并以缅甸靠近中国一侧选定的机场作为飞行基地。这在当时腾冲附近机场的保障设施和条件完全不具备对外国飞机飞行起降和指挥的情况下是完全合理的。后经中国科学院专家分析，腾冲这一地区的选择的确是上乘之举。腾冲地区地理单元丰富，植被覆盖度高，生物多样性好，农林水资源丰富，还有火山热泉和矿点，可以认为是遥感实验研究的绝佳地区。

但是，计划赶不上变化快。1977年下半年，从两国联络小组传来消息，对方拟退出此项合作，我们半年多的准备就此叫停。究其原因，可能是他们认为在腾冲飞行又在缅甸机场起降太过繁杂，也可能是认为中国遥感技术与他们差距太大，对他们收效甚微，当然也不排除第三国的影响。虽然合作停顿了，但是在1976年遥感规划会后，中国科学院相关研究所已开展的各项遥感仪器设备的研制工作，不仅一直按部就班地进行着，而且因为与欧洲国家的合作而得到了很大的加速，研制的一些样机已经可以用于遥感实践。在此情况下，以中国科学院专家为主体的研究团队向领导提出自力更生继续开展腾冲遥感试验，既检验新研制的遥感仪器和设备的性能，也检验我国遥感技术和遥感应用团队之间的合作以及空地配合的协调能力。这一建设性的意见得到中国科学院领导的支持，中国科学院专门为此成立了"腾冲遥感"领导小组，郁文秘书长亲任组长，而云南省科委主任刘积斌任副组长，并且完善了研究技术体系。

腾冲遥感试验的方案经上报后得到国务院和中央军委的重要批复，不仅批准此项重大科学实验活动，而且要求中国人民解放军和各相关单位给予大力协助和支持。在国家最高部门的指示下，中国人民解放军空军航测团先后派出"安-30""伊尔-14"和"伊尔-12"三架不同类型的飞机，空军直升机团派出"米-8"型直升飞机配合进行航空遥感作业，昆明军区派出了国产"直-5"型直升机协助试验人员往返保山-腾冲之间的应急交通，作为航空指挥组的童庆禧就是乘坐这架直升机去腾冲协调空地配合问题的。为利用保山机场之便，航空飞行机组和航空遥感技术人员的基地设在保山，而全部地学研究和地面遥感调查人员都住在腾冲。保山、腾冲间的直线距离不足100公里，但两地之间要穿越怒江和龙江两个河谷，还要翻越高黎贡山，交通非常不便。当时两地的通信完全靠人员乘车两边往返，一个来回就是一天的时间。云南军区得知此事后，立即派遣了一个通信连从保山到腾冲架设了一条供实验人员通信联络用的专用电话线，彻底解决了两地的通信联络问题，这件事情是十分感人的，这充分说明了国家对科学实验的重视。腾冲遥感试验的顺利进行，这些子弟兵和云南省军区领导功不可没！

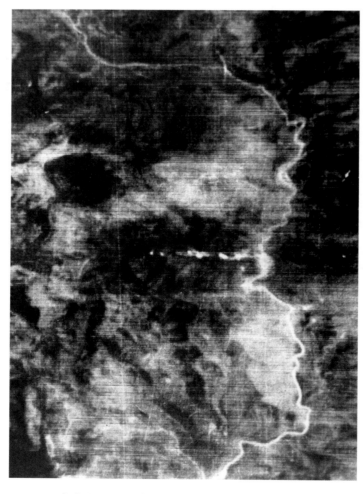

腾冲试验试验中获取的夜间热红外遥感影像
（图中颜色从白到黑代表温度从高到低）

童庆禧制作的腾冲城今昔对比（左：1978年航空遥感图像；右：2024年"北京三号"卫星影像）

腾冲遥感试验期间充满了故事，为了获取与航空多光谱遥感影像数据相匹配的效果，童庆禧他们利用自行研制的遥感地物光谱仪，在直升飞机上采用对被测地物绕飞的方式进行光谱测量。由于"米-8"直升机没有对下的窗口，测量者只能通过打开的侧门进行观测。当时也没有像现在一样的安全带，童庆禧只能用普通的绳索把自己绑在飞机上，冒着生命危险探出仪器进行地物光谱测量（见本部分首图）。

腾冲遥感试验吸引了国内众多单位的人员参加，由于当时保山和腾冲有几个大型水库可作为水体遥感的对象，在这远离海洋的地方国家海洋局也派来了人员。在童庆禧、薛永祺和飞行机组的精心安排下，专门为他们在保山大海子水库进行了多光谱扫描观测。为了能及时获取观测数据，在当时没有计算机的情况下，他们在飞机落地以后利用安装在飞机上记录遥感数据的飞点管的扫描方式现场回放读取和分析，获得了反映水体清洁状态和水深的相关数据。

最为戏剧性的要算针对核工业地质研究需求，对腾冲城子山矿区进行的夜间红外遥感飞行。以保山为基地的航空遥感与在腾冲的地面遥感两方面的人员，约定在保山和腾冲两地中间的怒江坝会合协调商议。这个时间正值1978年农历的大年初一，在恭贺新禧的气氛中，童庆禧和地面观测组负责人周上益共同主持了这次协调会，会议最重要的结论就是重复新疆哈密遥感的经验，再次利用地面篝火的方式进行导航。最终成功地完成了这次夜间的遥感飞行，为核工业地质分析提供了极其宝贵的遥感数据。"腾冲遥感试验"的现场和野外工作结束以后，集中了大量的人员进行数据处理和分析制图。

开始于1978年、结束于1980年的"腾冲遥感试验"，是我国改革开放初期开展的国家级大型科学实验活动。有来自全国60多个部门和地方近700名科技工作者参加，取得了覆盖腾冲地区7 000平方公里范围的各类遥感数据，开展了多达70多个专题的技术试验和应用研究，取得了一大批原创性研究成果。这次遥感实验的主要成果反映在三个方面：一是为腾冲地方的资源开发和生态环境管理提供了大量遥感数据和信息，也为地方的建设提出了科学建议；二是公开发表了一系列学术论文，其中以在"第二次亚洲遥感会议"上由童庆禧主笔并作为口头报告的腾冲遥感论文，最集中地反映了腾冲遥感试验的全面情况和科学结论（此文发表在《第二届亚洲遥感会议文集》中）；三是编制了全面反映腾冲自然资源、生态环境、农林植被、地形地貌、火山热泉等重要地学要素、印制精美的《腾冲遥感图集》，公开向社会发行，其科学性、真实性、实用性和艺术性都受到普遍的好评。

1981年童庆禧等参加"第二次亚洲遥感会议"

腾冲航空遥感图集

　　"腾冲遥感"对我国遥感事业的发展有着重大的开拓性意义和深远的影响，被誉为"中国遥感的摇篮"或中国遥感的"黄埔军校"。由腾冲遥感所产生的国家至上、大联合、大团结和大协作的科学作风，自力更生、自主创新、艰苦奋斗、勇于钻研、开拓进取的科学精神，成为了广大遥感科技工作者永远珍惜的宝贵财富，在46年后的今天，这样的"腾冲遥感精神"依然对我们的科学研究、攻坚克难具有极大的指导意义。童庆禧作为这一宏大"腾冲遥感"的倡导者之一，也是参与者、指挥者和实践者，他在这次试验的实践中经受了锻炼，能力得到了提高，并为日后在天津-渤海地区开展以城市环境为主要对象的"津渤城市遥感"和以黄淮海平原综合治理为目标的遥感技术应用中发挥了重要甚至核心作用，同时也为后续全面而深入地进行遥感科学研究和技术发展奠定了坚实基础。

腾冲遥感空中组全体人员在云南保山（二排右起第五为童庆禧）

童庆禧（二排左起第六）与参加腾冲航空飞行试验的工作人员

1998年再飞腾冲试验人员和奖状飞机在昆明机场

1999年腾冲航空遥感试验20周年研讨会

　　2023年11月，童庆禧、薛永祺院士在由北京大学、清华大学、南开大学、云南师范大学四校共同主办，云南师范大学和中国遥感委员会承办的"西南联大讲坛"举办之际，带领遥感领域知名专家学者不忘初心重走腾冲遥感路，以此纪念腾冲遥感四十五周年。

　　童庆禧院士在"西南联大讲坛"围绕"遥感的起源和我国当时的处境""奋起直追的步伐""快速的发展与巨大的成就"三个方面讲述了从腾冲遥感到遥感强国之路，通过重温"腾冲遥感精神"，激励中国遥感人不懈奋斗、再创辉煌伟业。

童庆禧、薛永祺院士率队参加西南联大讲坛"从腾冲遥感到遥感强国之路"

中国遥感卫星地面站引进的提议

1978年，正值改革开放之初，我国迎来了美国第一个政府科技代表团访华。这是一个庞大的政府代表团，团长是时任美国总统科技顾问的普莱斯博士，他所率领的代表团有许多美国国家部委的部长，他们访华的目的是要与我国有关部门讨论两国的合作问题。其中最为引起我们关注的是美国宇航局（NASA）局长布朗先生。根据两国商议的安排，美国宇航局局长所率的代表团将和我国与航天有关的部门座谈，讨论合作。中国科学院也组织了人员，整装待发。当时根据中方负责部门国防科委的具体安排，指定中方参加座谈的以当时的航天部为主，仅给了中国科学院两个名额。经科学院领导决定指派童庆禧和杨刚毅（原中国科学院力学研究所党委书记）两人代表中国科学院参加谈判，但也同时组织了以自动化研究所陈贻运、王成业、李志荣等人组成的后援队。航天部则由时任部长任新民亲率五位航天专家出席。谈判在北京友谊宾馆科学会堂举行。

为了这次合作谈判，航天部和中国科学院都做了精心的准备，准备了合作方案。前几天的讨论都是以航天部为主，像先前向美国购买通信卫星一样，中方首先提出希望购买一颗地球资源卫星，也希望能购买资源卫星上的两台遥感载荷，即扫描成像的多光谱扫描仪（MSS）和画幅式成像的反束光导管摄像机（RBV），这些要求均被美方婉言拒绝了，原因就是这些设备太过先进，不宜出口。到后来轮到中国科学院发表意见时，童庆禧根据经科学院批准的预案，提出了在中国建立陆地卫星地面站，直接接收以地球资源为遥感对象的陆地卫星数据的建议。在美国1972年发射地球资源卫星（ERTS，在1976年发射第二颗卫星时更名为陆地卫星Landsat）以后，卫星对地球可以进行不间断地观测，但是那时卫星既无足够的存储空间，也没有任何中继技术，只能在卫星飞入地面接收站的视界范围内才能将观测数据下传。在卫星发射运行后的若干年包括美国的3个地面站在内，一共在意大利、瑞典、印度、伊朗等国建立了9个地面站，但在东北亚地区则是一片空白。在中国建站既可填补该卫星数据在东北亚地区的空白，同时更能支持我国在地学方面的研究和农林、植被、水文、地质等方面的应用。童庆禧的建议一经提出，就得到以美国宇航局局长为首的美国代表团的热烈响应和支持。事后国防科委在研究航天合作中方的分工时，明确地面站的引进和建设由中国科学院负责，这就是中国遥感卫星地面站建立的由来。

4 | 中国科学报

主编/计红梅 编辑/王方 校对/何工劳、唐晓华 Tel：(010)62580616 E-mail:hmji@stimes.cn

2024 年 7 月 8 日 星期一　专题

科技自立自强之路

云南腾冲，一个铁血又柔情的极边之地，历朝历代都有重兵把守。这里有火山、密林、温泉、古镇，也是旅行爱好者的乐园。

2023 年冬天，88 岁的中国科学院院士童庆禧和他的老朋友、中国科学院院士薛永祺等人又一次到腾冲。合影留念时，有人展开一条

6 米长的横幅，上面写着"45 周年弹指一挥间，重走腾冲遥感路"。这一到，往事在童庆禧脑海里浮现。

那是 1978 年冬天，云南正值温润少雨的时节，来自全国 68 家单位、50 多个学科领域的 706 名科技人员，陆续集结到腾冲和保山。小渡

消息很快在当地传开："他们的本事大着呢，在飞机上用他们的"镜子"往地上一照，哪里有金子马上就能知道。"

科技人员听了微微一笑，彼此心照不宣。他们在做一件比找金子更要前所未有的事——完成中国第一次综合性遥感探测试验。

重走腾冲遥感路

■本报记者 倪思洁

① "摇杆？怎么摇？"

遥感技术兴起于 20 世纪 60 年代，是一种通过传感器探测物体电磁波辐射、反射和吸收特性的技术，能在无接触情况下获取影像，分析出地表信息，在农业、林业、水文、地质、测绘、气象等领域发挥着重要作用。

想而，20 世纪 70 年代初，国内了解遥感的人还很少。童庆禧记得，曾有朋友问他是做什么工作的，他回答"做遥感的"。对方一脸疑惑："摇杆？怎么摇？"

至于接触过遥感技术的人就更少了。很多资源调查数据要靠调查员的两条腿跑出来。

1972 年，中国科学院属各所组建人员，成立了地球资源卫星调研组，并联合全国相关研究单位，发展地球资源卫星和应用技术。此后不久，地理学家陈述彭被评为中国科学院工作。赴重西那都部"人为科学大会。国内在遥感技术领域发展还落后于国际先进水平的同时，他敏锐地觉察到，遥感技术具有广阔的发展前景。

1975 年，陈述彭率先将美国陆地卫星的影像引入国内，用于编制全国影像地图和航空遥感影像图。同年，在主任部院长科委副主任权零森的建议下，中国科学院把将发展遥感技术列为重点工作之一。

两年后，一个难得的机遇出现了。童庆禧提出，希望中国科学院提供合适的科研项目，用以开展国际科技合作。

得知消息后，同在中国科学院地理研究所《中国科学院地理科学与资源研究所前身之一，以下简称地理所》工作的老朋友童庆禧向中国科学建议，希望以国际合作方式开展航空遥感联合试验。

很快，他的建议获得了国际合作伙伴的认可。之后，中国科学院迅速成立了联合试验务组，由地理所二部负责技术。

经过多方协调测综合考虑，联合试验地点选在云南腾冲。"这里素有"地质博物馆"之称，地质、地貌、水文以及生物多样性等条件非常好，是一个十分理想的遥感试验基地。"童庆禧回忆。

然而，1978 年，陈述彭等工作重心南上。原本满怀希望的中方科研人员像是被泼了一盆冷水："没有合作"老师"了，怎么办？"

"不如趁热打铁，自己做去！"陈述彭和童庆禧铁了心。他们撰写报告，通过中国科学院呈报国务院，申请自主开展航空遥感试验。

很快，国家相关部门批准由中国科学院自主开展航空遥感试验，不少单位的积极性被调动起来。

当时全国电话资源紧缺，地理所专门为 917 大楼的航空遥感试验布设了一条分机线路，分机号码为 648。此后的 40 多年里，童庆禧以"648号研究室"、"尤舍某些全国 648 号单位"，中国科学院上海技术物理研究所、西安光学精密机械研究所、北京大学、北京冶金所等高校，林业部、部冶金工业部地质等部所属研究机构，通过 648 号分机线联系联成一张无形的巨网。

② 遥感界的"黄埔军校"

热闹归热闹，要想自主开展腾冲遥感试验，还有一系列问题需要解决。

第一个问题是参试人员知识储备不足，几乎从未接触过遥感技术。1978 年 7 月初至 8 月中旬，中国科学院和北京大学联合举办"遥感技术应用研究班"，为试验培训专业技术骨干，前后参加研究的有 200 余人。

第二个问题是大家对腾冲的具体资源分布情况不熟悉。1978 年 4 月，中国科学院派出地理所等 5 个研究所，联合部冶金工业部等其 6 个部委所属 13 家单位 22 名科技人员，赴腾冲开展任务调研与先遣勘察。同时，他们还与云南省、保山地区和腾冲县各级政府沟通协调，落实腾冲遥感试验部署事宜。

第三个问题是参试验人员，需要建立完备的组织协调机制。1978 年 10 月，中国科学院在北京召开由国科郭沫若地先遣参加的"腾冲航空遥感试验"协调会议，决定成立试验领导小组和现场指挥部及其办事机构。

根据试验安排，腾冲、保山两地同时设立地面和空中指挥部，陈述彭任总指挥，童庆禧出任现场总指挥，薛永祺任空中总指挥。

从 1978 年底起，100 多名航空遥感技术和参试人员陆续集结腾山空军先后派出 4 架军机支持，开展航空遥感飞行和密集研制。同时，600 多名参与现场试验人员陆续集结两地，开展地面调查、验证和遥感试验数据的测点判读工作。

"大家憋着一股劲，要好好发展我国自己的遥感事业，所以做了很多准

备。"童庆禧说。

不过，到试验现场后，新的难题还是一个个冒出来了。童庆禧纪忆。比如，遥感试验中的重要环节——地物波谱测量仪器，不能固定在飞机上。测试人员只好打开直升机舱门，手持飞机舷机的仪器瞄准地面，一边观测试的地物和方位告诉仪器。地物波谱测量仪器的负责人员过度紧张，在直升机上左右倾斜作件记录下试验数据，机舱外的风很大，拍摄人员就用一条绑子把自己绑在机舱里的座椅上，大家就甩着给子报数据。

试验期间，危险常在不经意间闯出来。有一次，童庆禧与人乘越察员高山，突然遇遮断门说，飞起直升飞机，一边行负责人遮参处，往半片的时飞机就进入了雷雨区，天空漆黑一片，电闪雷鸣、雷声和暴避雷的狂风卷在一起，飞机不时对航空有大然坠说。"再往前飞就要上龙潭山了，飞行需要降落 3000 米，我不想高度降到 5500 米不到 7000！"为安全起见，童庆禧决定返航。他回过头看了看薛永祺，只见薛永祺面色不改，淡定地看着飞路。

就这样，空中试验做了 50 天，飞行了 46 个架次，136 个小时。

地面试验也常常遇到艰难险阻。"区

1978 年，陈述彭在腾冲现场考察温泉喷口的石灰华。地理所供图

1978 年 12 月，童庆禧在"米-8"型直升机上打开机舱门测量地物波谱。

1978 年 12 月，"米-8"型直升机光谱测量及安装舱门人员落地后合影。

1979 年 1 月，薛永祺在"伊尔-14"飞机上操作遥感仪器。

1979 年 1 月，科研人员登上"伊尔-14"飞机准备进行遥感飞行。

③ 一次试验，多方受益

腾冲遥感试验的现场工作于 1979 年初完成，不仅检验了中国科学院研制的九波段多光谱仪、六波段红外扫描仪、四波段多光谱照相机、激光高高仪、地物波谱仪等第一批国产航空遥感仪器，也对当时保定校办厂生产的新型彩色红外感光胶片进行了检验。

试验积累了大量第一手遥感技术资料，累计遥感面积约 3 万平方公里，拍摄胶片达 1100 多万，录制影带 30 余盘，包括黑白色色、黑白红外、天然彩色、彩色红外、多光谱 5 种彩色摄影像片，以及多光谱、热红外、激光高高等一系列资料。参试人员在地面和城上编写了 100 余种技术、作物、土壤、水体、地质体等归类和数据说结 1000 多组，为以后制定统一的标准、测试规范、选择最佳波段、开发检定波段以及开展遥感基础研究打下良好基础。

这些资料成为中国遥感事业发展的"第一桶金"。相关数据分析资料研究的"第一桶金"一直延续到 1980 年 12 月。

这些资料结合当时测点工作，形成了课题专辑，写出 120 多篇学术论文和技术方法总结，用 58 部资料汇编（《航空遥感试验与应用技术系列研究报告》），包括空中航空、地质应用、农林结合、水资源等。测绘制图 5 分册，计 20 余方字。

后来，童庆禧绘制了 1:50 万比例尺系列专题地图 26 幅，出版了《腾冲航空遥感试验及《腾冲县专业统计地图集》等，实现了区域综合遥感数据的计算机制图。

腾冲遥感试验的一部分成果曾在某试验上大大大显身手。试验结束后，当地人把一批高发现的遥感影像片摆到，童庆禧一行游走看了看。1980 年 4 月下旬前遥感试验的资料，应需参加市国提供的分析研究出的一次国际会议。一位美国教授用"非常精"形容他的研究，请求把论文带回

去仔细研究。

"这是综合性成果，对腾冲地方的经济社会发展起到了重要作用。这些成果贯彻今天还继续着作用。"童庆禧说。

腾冲遥感试验成果为国民经济发展带来了立竿见影的社会效益：

原林业部门建议了森林储积量的估量模式，将估量参数从 13 个减少到 7 个，可信度由 85%提高到 93%，森林资源调查的准确度和效率由此提高。

原铁道部门进行了热液改良机理和构造控矿模式，鉴定 2 个"线"级矿产远景区和 1 个三级成矿远景区，为腾冲缅铁路计划增加了铺设里量。

原铁道部门利用遥感资料配合选线设计中，调整了原线方案，避开了 4 平方公里的大滑坡，降低改变废弃塌方占下集，节约了工程投资费用。

云南省利用试验成果在腾冲县进行农业区划试点，核实了本项研究。昔明森林覆盖率近 20 年内由 50%降到 34%，荒山地地降到 37.6 万亩，并以此依据调整了农业生产布局的结构。

原数部门根据遥感影像综合判读文件绘制了"腾冲遥感试验论文集"报告。相关数数达到 71 项专题，平均每个专辑不到 1 万元，取得了"一个综合试验、多方受益"的显著效益。

腾冲遥感试验的一部分成果曾在某试验上大显身手。试验结束后，童庆禧一行游走看了看。1980 年 4 月下旬前遥感试验的资料，应需参加市国提供的分析研究出的一次国际会议。

1983 年，以腾冲航空遥感试验资料为基础的"腾冲区域性综合遥感分析方法与应用研究"，荣获中国科学院科技进步成果一等奖。1984 年、1985 年，"腾冲区域航空遥感应用技术"先后荣获中国科学院科技进步奖一等奖、国家科技进步二等奖。

完成腾冲遥感试验后，陈述彭、童庆禧等又组织和实施了腾冲又大规模遥感试验项目工——三江地区大规模遥感和二滩水电站遥感试验。这三次试验被誉为"为中国遥感发展某基础的三大成就"。

同腾冲遥感试验，童庆禧感触良多。"第一，国家的重视和支持是科学研究成功的前提。第二，交叉学科的合作会产生好结果。我们深知合作，任何伟大事业都不可能独立自强。第三，坚守标准是技术水平。我们要到知已知被，有志同道合的伙伴才有可能做出大的事业。到现在在这些感的伙伴我们才是无力。"

现如今，我国遥感从平台、传感器到数据地理信息分析方法与应用"课题参与者、地理所研究员傅肃性比记得，从昆明到腾冲，地图上的直线距离约 420 公里，但实际上要先过澜沧江、怒江，再翻过海拔 3000 多米的高黎贡山等崇山峻岭，每个人的心都能到了"嗓子眼"。汽车走了 3 天，终于安全抵达腾冲。大家欢呼雀跃相互庆祝，不仅因为走过了最危险的一段路，试验也进入更关键的冲刺阶段。

最终，试验队历尽完成了当时我国规模最大、学科最多、涉及技术和应用领域最广泛的综合性遥感试验。我国在遥感新领域迈出了具有历史意义的一步。

腾冲遥感试验像一个摇篮，既培育了新生的遥感技术和知识，也孕育了新一中的遥感理论思想。腾冲遥感试验也成为中国遥感事业的"黄埔军校"。其中，陈述彭、童庆禧、薛永祺分别于 1980 年、1997 年、1999 年当选为中国科学院院士。

傅肃性说，1979 年，地理所参与腾冲遥感试验的科研人员占为遥感所的一部分留在了地理所从事资源与环境地理信息系统研究，另一部分加入城冶所二部、独立组建为专门从事遥感技术与应用研究的机构，即地理所，后与相关研究所联合成立了中国科学院遥感应用技术开创研究机构。

"我们认出有了自己的遥感所。"进入遥感应用研究所工作的田国良感慨，这些年间同时间里，"腾冲遥感试验"一直是科研人员的闲谈话题。"参与过腾冲遥感试验"成为相关城域科研人员职业生涯中浓墨重彩的一笔。

世纪腾衡天下和顺
45 周年弹指一挥间 重走腾冲遥感路
2023 年底，童庆禧（左八）、薛永祺（左九）重走腾冲遥感路时的合影。

左图：腾冲火山地貌遥感影像，红色部分表示熔岩堆。
右图：遥感影像中的保山热海子水库。

本版图片除署名外均由受访者提供。郭刚制版

社址：北京市海淀区中关村南一条乙 3 号 邮政编码：100190 新闻热线：010-62580699 广告发行：010-62580707 传真：010-62580699 广告经营许可证：京海工商广登字 20170236 号 零售价：1.00 元 年价：218 元 工人日报社印刷厂印刷 印厂地址：北京市东城区安德路甲 61 号

　　实际上科学院的这一提议并非临时之举,而是有较长期和充分准备的。在美国地球资源卫星1972年发射以后,我国通过中国图书进出口公司从美国购进了几批我国境内的卫星像片,当时的卫星影像尚没有数字存储产品,只有胶片和像片。虽然头一两颗卫星的分辨率仅为80米,但对资源环境仍能发挥很好的调查、监测和研究作用。实际上在20世纪70年代中期,为了发展遥感技术,我国也希望引进一些先进的遥感仪器和设备。当时美国有一家名为本迪克斯(BENDIX)的公司研制的一台19波段的多光谱扫描仪引起了我们的注意。童庆禧和薛永祺在得到中国科学院同意的情况下,专程邀请了该公司代表来华访问。该公司派出了执行总裁美籍华人沈坚白来访,可巧的是,这位沈先生和上海永安公司还有一些渊源,薛永祺又是上海人,大家一见相谈甚欢。但遗憾的是,由于该公司对我们希望引进的多光谱扫描仪要价太高没能谈成。此外,沈先生还介绍了他们公司研制的其他遥感产品,其中提到一种小型化可接收资源卫星数据的卫星接收站引起了我们的兴趣。在请示院领导后,确定与沈先生讨论引进这种地面站的可能性。由于当时正值美国科技代表团访华并双方有意在我国建立资源卫星地面站方面进行合作,而与美国BENDIX公司引进小型地面站一事就此作罢。

　　地面站的建立对我国遥感事业的发展具有重大的意义,通过美国代表团访华达成的协议,为中国科学院随后建立中国遥感卫星地面站打开了大门。中国科学院对此十分重视,当即成立了遥感卫星地面站筹备小组,由北京自动化所王新民、陈贻运等作为主要成员。功夫不负有心人,20世纪80年代以后建站工作步入正轨,1986年终于建成运行;其间邓小平同志访美,还为地面站争取到其中最为关键的重要设备高密度磁带机对中国的出口,并亲笔为地面站题写了"中国遥感卫星地面站"的站名。

中國遙感衛星地面站

邓小平同志亲笔题名

　　1986年中国遥感卫星地面站正式建成并投入运行。建站之初,地面站只能接收美国这一颗光学卫星,现在运行近40年,今天这个地面站除美国外能接收欧洲、美洲、亚洲等国家数十颗遥感卫星数据,更是承担了我国绝大部分对地观测卫星的接收任务,是世界上接收与处理卫星数据最多、最为优秀的遥感卫星地面站之一。

　　继密云站之后,中国科学院独立自主又建设了新疆喀什和海南三亚遥感卫星地面站,两者分别于2008年和2013年建成并投入使用。虽然童庆禧早期对中国遥感卫星的建立做出了重要贡献,但后来他又转移征战于航空遥感,特别是遥感飞机的建设。即便如此,他仍然与遥感卫星地面站的历届领导和专家们,如老站长王新民,前期的副站长陈贻运、王成业、李志荣,后任站长潘习哲、王杰生等专家保持着非常良好的关系。他认为,航空和航天是遥感不可或缺的两翼,应该同步发展,不可偏废。

中国遥感卫星地面站（密云站）

中国科学院遥感应用研究所的成立

作为遥感应用规划组织落实的重大部署，1976年10月初的全国遥感技术规划会议强调要抓好遥感应用，以应用牵动技术的发展，建议设立遥感总体部门（或遥感中心）。这一建议在一次向院党的核心小组成员、后任中国人民解放军海军司令员和中央军委副主席刘华清同志汇报时得到了充分的肯定。他认为，设立遥感中心和遥感发展的抓总单位很有必要。作为发展的第一步，决定在地理所先行设立二部，专门从事遥感总体和应用研究，并在一定程度上承担当前中国科学院遥感发展急需的组织协调工作。中国科学院的这一重要战略部署受到地理所领导李子川以及左大康等的全力支持，1977年地理所在原航空像片判读研究室和卫星遥感接收研究组的基础上，抽调气候、水文、地貌、地图等研究室部分人员，组建了地理所二部，为遥感所的建立打下了前期基础。1979年12月经国务院批准成立"中国科学院遥感应用研究所"。

这段时间，童庆禧积极参与了中国科学院遥感应用研究所的筹备工作，这一专门机构的成立，对起步中的中国遥感事业的快速发展无疑起到了巨大的推动作用。中国科学院遥感应用研究所成立后，童庆禧一直在这里工作至今。遥感所成立时，童庆禧被任命为以航空遥感和地物光谱研究为主体的第一研究室主任。1983年，童庆禧被任命为遥感应用研究所副所长。1984年由于航空遥感建设的需要，童庆禧被任命为中国科学院航空遥感中心主任。1988年，院领导决定将航空遥感中心与遥感应用研究所合并，童庆禧被任命为中国科学院遥感应用研究所所长。

童庆禧与中国科学院遥感应用研究所前所长杨世仁、徐冠华合影

童庆禧与中国科学院遥感应用研究所前所长郭华东共同参加中国青年遥感辩论会

中国科学院遥感应用研究所旧址

　　航空遥感、卫星遥感、航空像片判读与制图，以及发展初期的地理信息系统研究，成为初建遥感所的四大学科支柱，直接促进了20世纪70年代末和80年代初期我国遥感的蓬勃兴起。遥感所成立之后，在通向未来星辰大海的征程之中，童庆禧投入了极大的精力和热情，参与中国科学院、国家层面一系列遥感规划与攻关计划的制定、立项论证，主持和参与了多项国家科技发展和科技攻关项目、中国科学院重大遥感技术发展和资源环境重大应用项目。在这些项目中，童庆禧将遥感技术发展与遥感应用研究紧密而有机地结合，体现了以应用需求驱动技术的发展，反之通过前沿性技术的发展又促进应用深化，特别是将光学、红外等遥感技术与地理、地质、环境、农业、土地资源等的应用相结合，在开展多学科和跨学科研究方面成效显著，得到了中国科学院和国家的多次表彰和肯定。这些科研活动与项目无不倾注了童庆禧的心血，处处闪耀着他的奋斗者身影，直到如今耄耋之年他依然能够清晰地记得这一次次的奋战，娓娓道来而如数家珍。

童庆禧和薛永祺、章立民等遥感工作者很早就意识到遥感观测设备"标准"的重要性。在王大珩先生的指导下，他们倡导和带领了一大批年轻的遥感科技人员数度在安徽合肥和江苏南京芜湖地区开展了大型的仪器对比试验。当时多光谱遥感作为技术发展前沿之一，童庆禧及其团队在多项多光谱实验的基础上进行了深入研究，发表了第一篇关于多光谱遥感波段选择的论文，对发展初期的多光谱遥感在一定程度上起到了指导性的作用。

1980年，童庆禧作为主要主持人开展了天津–渤海地区环境遥感综合研究。这是我国第一次以城市环境为对象的大型综合遥感实验研究，在城市绿地、水体和建筑密度分析制图、城市热岛效应分析、环境综合评价方面取得了实质性的突破。特别在通过飞机进行大气采样研究城市上空包括污染物质和粒径的气溶胶分布、沿海河及海岸隐蔽性排污的监测、道路交通遥感监测等方面的应用，从城市环境研究的角度都具有开创性意义，为我国随后所开展的一系列城市环境遥感研究起到了重要的奠基和示范作用。

童庆禧主持的高空气球遥感实验

童庆禧利用超20 000米高空气球开展遥感试验

童庆禧正在进行成果演示

科技成果奖
二等奖

授奖项目 津渤环境遥感监测及应用方法总结
完成单位 遥感所等

中国科学院
一九八五年九月卅日

中国科学院科技成果奖二等奖（陈述彭、童庆禧、郭之怀、李涛、田国良、罗修岳等）

国家科技进步奖二等奖（陈述彭、童庆禧、郭之怀、李涛、田国良、罗修岳等）

基于对遥感在农业土地资源方面可发挥重大作用的认识，在天津-渤海环境遥感期间，童庆禧就给予了该领域特别关注，而后更积极推动并主持了天津市农业土地资源遥感详查项目。这是我国第一次按国家规范，采用遥感技术完成了全天津市包括区、县的农业土地资源详查，省时、省力、节省经费并保证了精度，体现了遥感技术与相关学科结合的优势，为后来我国在农业土地资源详查计划中采用新技术起到了先行示范作用。

华北平原是我国重要的粮食和农业生产基地，同时也长期受到旱、涝、风沙、盐碱等自然灾害的困扰，华北平原地区自然灾害综合治理和低产农田改造就成为国家发展需要解决的重要环节。在国家打响华北平原中、低产区域综合治理战役时，中国科学院承担着重要的科技支撑作用。在国家"六五"科技攻关中，童庆禧和他所负责的团队以遥感技术作为先导，采用航天、航空遥感与地面调查相结合的方法，对华北平原典型区域农业土地资源和旱、涝、风沙、盐碱等农业自然灾害进行了大规模的遥感研究，特别是在上述自然灾害的时空分布和区域特征研究方面的成果，成为中国科学院在该项目研究中的一大亮点，童庆禧领衔航空遥感飞行实验的"黄淮海平原中低产地区综合治理和综合发展研究"研究成果，在获得中国科学院科学技术进步奖特等奖之后，又被评为国家科学技术进步奖二等奖。

1984年黄淮海攻关人员合影（童庆禧：一排左三）

黄淮海攻关项目获国家科学技术进步奖二等奖

　　与此同时，童庆禧还主持了中国科学院黄金资源调查研究中的"红外多光谱遥感应用"的院重大项目，在理论和技术上阐明了红外多光谱遥感技术在直接探测、提取蚀变带和金矿化带的作用，并在实践中获得了成功。遥感提取结果与地面调研有很好的吻合度，经地面验证，还估算得到了一定的黄金预测储量。这一成果当时达到国际先进水平，对促进我国高光谱遥感方面的国际合作，如后续与国外著名石油和遥感公司在高光谱技术和应用研究方面的合作奠定了基础。在整个"七五"攻关期间，由他主持的"高空机载实用系统"的建设取得了重要成果，以第一完成人获中国科学院科技进步奖特等奖。

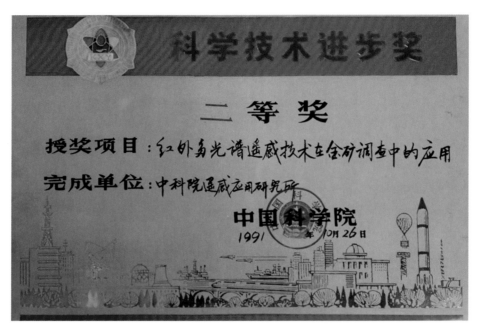

红外多光谱遥感应用获奖证书

金矿成矿模式获奖证书

童庆禧任所长期间接待王大珩、周光召、孙鸿烈等院领导

在国家"八五"科技攻关中，童庆禧担任遥感应用研究项目"我国主要自然灾害遥感监测和农业作物估产研究"指挥长，并主持了其中"遥感技术支持系统研究"的攻关课题。在将遥感技术，特别是航空遥感技术，应用于对我国重大自然灾害、特别是洪水灾害的监测和评估中，在突发性灾害的应急反应和快速分析方面取得了突破性的进展，走在了国际前列。童庆禧还与陈述彭院士合作，开展了对复杂自然环境条件下的电磁波传输、大气气溶胶订正、多角度定量遥感与高光谱领域系统性研究，形成的"遥感信息传输与成像机理研究"研究成果，通过了国际同行评价，并获得了中国科学院自然科学奖一等奖。

童庆禧与陈述彭等科技人员开展图像解译工作

童庆禧在日本和科研人员一起进行遥感图像分析

遥感信息传输及其成像机理研究国际专家的成果报告验收会议

中国科学院自然科学奖一等奖

2019年国家遥感中心元老聚会畅谈遥感开创时的过往

　　童庆禧积极参与和大力推动我国遥感与国际遥感界的各种交流，通过学习交流先进遥感技术，帮扶发展中国家遥感事业的发展。事实上，中国遥感发展之初也得到国际的援助和支持，联合国开发计划署支持中国建立国家遥感中心，并开展了若干援助项目。童庆禧积极参与了国家科委领导下的国家遥感中心的筹建，并与国际上各国遥感组织保持了持续沟通联络。成立国家遥感中心之初，其三大部——研究发展部、技术培训部和资料服务部的多名科技人员被派出进修，同时部分国外知名专家被请进来开展合作研究。1981年初，童庆禧随国家科委遥感中心代表团出访亚洲泰国、菲律宾和印度三国取得了积极成果。与美国JPL的安·卡尔的合作则是在黄淮海遥感的基础上以农田水分探测为主题，数月的共同努力，在土壤和水分探测的热惯量研究方面取得了显著成效。这些对外交流工作最终促成"亚洲遥感大会"于1981年在北京召开，并在以后系列亚洲遥感大会等国际会议和组织中发挥了重要作用。

1980年10月北京第二届亚洲国际遥感学术研讨会后陪国际友人游览长城

1981年童庆禧作为中国遥感代表团成员在东南亚访问

童庆禧在1987年参加在江苏扬州举办的遥感学术会议期间与部分参会人员的合影
（从左到右：章立民、郑兰芬、童庆禧、朱重光、薛永祺、岳志夫、崔成禹）

1989年童庆禧与苏联同仁共同筹备组织航空遥感实验

1989年时隔28年重访苏联，童庆禧身后四人从左到右分别是何欣年、杨生、姜景山、薛永祺

1991年第11届亚洲遥感大会上首次展出由遥感所编制的1：100万中国卫星影像图

1997年随中国遥感科技代表团访问美国NASA总部，向戈尔敦局长介绍卫星镶嵌图，
在场的有科技部林泉秘书长、李德仁院士、张文建等

　　童庆禧为亚洲乃至世界遥感技术发展和交流做出了卓越贡献，并得到了国际社会的广泛赞誉。
2002年，他荣获国际光学工程学会（SPIE）颁发的"国际遥感科技成就奖"；2004年，获得由泰国
诗琳通公主颁发的金质奖章；2009年，在第30届亚洲遥感会议上他荣获亚洲遥感协会（AARS）颁
发的"亚洲遥感贡献奖"。

2002年童庆禧获得国际光学工程学会（SPIE）"国际遥感科技成就奖"

2004年童庆禧获得由泰国诗琳通公主颁发的金质奖章

2005年童庆禧与李德仁院士、李小文院士参加国家重点实验室学术委员会会议

2009年在第30届亚洲遥感会上他再次荣获遥感协会颁发的"亚洲遥感贡献奖"

中国高分辨率对地观测系统的规划建设

童庆禧与孙枢院士等国家中长期科技发展规划专题组成员合影

为促进我国科学技术创新发展，支撑国防事业、环境保护事业以及创新型国家的建设，促进全面建设小康社会目标的实现，于本世纪初开展了国家中长期科技发展规划（2006—2020年）的制订。这一规划关系到社会主义现代化建设的发展和中华民族的伟大复兴事业的进程。党和国家对规划的制订非常重视，国家中长期科学和技术发展规划工作已于2003年6月底正式全面启动，规划在国务院直接领导下进行，数百名中国科学院和中国工程院院士和众多科技、经济、社会、企业等各方面知名专家参与了规划的制订工作。作为规划的重要先导，首先开展了中长期科技发展规划战略研究。制定国家中长期科学和技术发展规划，其基本方针是"自主创新 重点跨越 支撑发展引领未来"，以推进我国科技事业稳步发展。根据《国家中长期科学和技术发展规划战略研究工作方案》，此次规划的战略研究一共组建了20个研究专题，如农业、能源、水和矿产资源、环境、城镇化与城市发展、公共安全、人口与健康、交通运输业、海洋开发、生态建设和循环经济等，此外还开展了战略高技术与高新技术产业化（13专题）和科技条件平台与基础设施建设（15专题）。这是一次国家重要科学和技术领域的全面发展战略规划研究。在众多的科技发展专题中，童庆禧选择了与对地观测系统建设和发展有直接关系，由中国科学院孙枢院士任组长的第15专题，即"科技条件平台与基础设施建设"专题，并在专题中担任第7课题组组长（副组长是中国气象局国家卫星气象中心张文建主任）主持"对地观测系统建设问题"的发展战略研究。参加该课题研究的还有国家海洋局巢纪平院士、总装备部陆镇麟研究员、中国科学院马建文研究员、中国气象局杨忠东研究员、航天科技集团五院陈世平研究员、国土资源部崔岩研究员、中国农业科学院唐华俊研究员、中国林业科学院李增元研究员；同时，在研究期间还邀请了众多遥感和地理信息系统方面的专家讨论咨询。

经过数月的研究和论证，第15专题"科技条件平台与基础设施建设"完成了9个课题的发展战略研究。以童庆禧为组长的第15专题第7课题顺利完成了课题的研究报告。除"对地观测系统建设问题"外，其余8个课题分别涉及：自然科技资源保存与服务系统建设、科学数据共享系统建设、科技文献资源与服务系统建设、网络科技环境建设、大型科技基础设施与重大科学工程建设、研究实验支撑体系与基地建设、国家计量基标准、标准物质和检测领域科技问题、国家技术标准体系建设等重大科技条件平台与基础设施建设问题等。而"对地观测系统建设问题"虽仅是其中的一个课题，但是在整个中长期科学和技术发展规划所有的20个专题中是唯一涉及作为科技条件平台和重大航空航天基础设施，即遥感对地观测系统建设的课题。而在规划的其余19个专题中就有8个专题都提及了该专题研究领域对遥感对地观测数据应用的迫切需求。由此可见，"对地观测系统建设问题"具有相当的普遍性和共用性，它的建设对多学科多领域的发展将会起到重要的支撑作用，与国家中长期规划"自主创新 重点跨越 支撑发展 引领未来"的基本方针完全吻合。

在国家中长期规划战略研究的20个专题完成以后不可避免地将涉及规划的实施问题。20个专题中大量的课题都迫切需要国家的投入以实现规划的落地，从而形成了巨大的投入需求和国家财政不足的矛盾。有选择地支持重要和重大领域的规划发展是国家的必然选择，如何从大量研究课题中选择并聚焦16个重大专项就成为了后战略研究的重大课题。首先是各专题内的筛选，童庆禧所在的第15专题"科技条件平台与基础设施建设"中经充分论证，一致推选"对地观测系统建设"作为重大专项的候选项目。2004年4月在完成了重大专项建议书的情况下，由专题组长孙枢院士和童庆禧共同署名向中长期科学和技术发展规划重大专项论证组推荐（见建议书首页）。与此同时，童庆禧院士即开展了论证报告的准备，是年8月，童庆禧接到电话通知，随即赶赴北京会议中心向以江上舟为组长的重大专项论证组进行专项报告并接受质询（见论证报告首页）。报告系统全面地阐述了国家对地观测系统建设的目标、建设内容以及系统建设的必要性、重要性、可行性和紧迫性。"建立国家先进、集成的空间对地观测系统，作为国家地球（理）空间信息基础设施，多维、全方位实施对地观测，系统地获取地球多圈层的信息，为全面、深入研究和了解我们赖以生存的地球，她的资源和环境及其动态规律，并进而对地球过程进行预测、预报和预警提供及时、科学、客观的数据和信息，服务于国家经济社会全面、可持续发展的科学决策"。从国情出发，提出了系统建设的总体目标："以应用为驱动，建立空、天、地一体化，高空间、高时间和高光谱分辨率相融合，符合我国国情的对地观测大系统"。在提到我国国情时特别强调："我国是一个发展中大国，经济社会快速发展，资源多样且匮乏，环境纷杂且恶化，作物和耕作体系多样且耕地数量少而破碎，水资源匮缺且河流东向，海岸线漫长且污染严重，海洋广阔但缺乏监测手段、国家安全面临严重威胁（台海、霸权主义、自然灾害、疾病疫情）……"，而"对地观测系统是将地球各圈层作为一个整体进行观测，支撑地球科学、环境与生态科学、农业科学、资源科学等学科发展的大型科技基础设施，是促进人口资源环境和社会协调发展的重要信息基础设施，对解决人类面临的资源紧缺、环境恶化、灾害频发等严峻挑战具有十分重要的作用，也是保障国家安全不可缺少的重要手段"。对地观测系统的建设内容是：建设以综合型大卫星、小卫星星座、亚轨道平台、大型航空平台，地面数据接收、处理、管理、分发系统为主体的空、天、地观测平台体系；陆地、大气、海洋实地观测、实验、验证、定量系统；高空间、高光谱和高时间分辨率对地观测优化协调，集光学、红外、微波和地球物理场观测的有效载荷集成系统；遥感、地理信息系统、全球定位系统相结合，集成应用模型、软件发展和重大应用工程体系于一体的对地观测应用支撑体系等四大系统为基础的国家对地观测系统，为国家土地、农林、地矿、海洋资源、测绘制图以及实现对地球环境和

"对地观测系统建设"重大专项（即后期"高分辨率对地观测"重大专项）建议书汇报首页

自然灾害的监测、预报和预警服务并为国家安全和空间信息产业化提供技术和信息保障。也许是童庆禧的报告和15专题研究的有效努力打动了论证组的专家们，更重要的是，国家的迫切需要和20个专题相关领域的积极支持，最终"对地观测系统建设"顺利进入了国家中长期规划16个重大专项！

在确立作为国家重大专项后，科技部责成国家遥感中心组织专家进行进一步审核，最终在内容和目标上有所调整，聚焦为"高分辨率对地观测系统建设"，并由国防科工局负责归口管理。随即成立了"高分辨率对地观测系统建设"总体论证组进行细化和编写专项任务书。总体组由王希季院士和王礼恒院士担任组长，童庆禧和李德仁院士以及总参艾长春局长担任副组长。经过方案论证之后，最终确立了后来执行的由军民结合各自研发7颗高分辨率卫星和相应的地面系统和应用系统研发的"高分"专项。童庆禧在高分专项的论证中观点鲜明，立论有据，他力主航空遥感系统和应用系统在专项中应有的地位，和王希季院士一道大力支持了临近空间（平流层）观测系统进入高分项目。2013年和2014年随着"高分一号"和"高分二号"卫星的发射和运行，中国开始进入了米级和亚米级高分辨率对地观测时代，由此引发的国家、地方和企业高空间和高光谱分辨率卫星的研发热潮以及相应的应用发展。童庆禧院士从国家中长期科技发展规划的战略研究、对地观测系统的提出和论证并力推其进入重大专项到高分辨率对地观测系统总体方案的制订和顺利成功付出了巨大的精力，做出了重要贡献。

童庆禧作为中国遥感的开拓者，在长期的艰苦而奋进的遥感研究工作中，特别在我国航空遥感、高光谱遥感、高分辨率对地观测等方面的技术和应用做出了卓越贡献，为此获奖无数。他于1997年当选为中国科学院院士，2022年获中国地理学会成立110周年突出贡献奖章，2023年获中国遥感应用协会30周年成就奖。

2022年获中国地理学会成立110周年突出贡献奖章

2023年获中国遥感应用协会30周年成就奖（左四：童庆禧）

第四章　翱翔蓝天　饱览大地

"鹰击长空，鱼翔浅底，万类霜天竞自由"

童庆禧是中国航空遥感的引领者之一。在国产遥感卫星尚属空白、国外卫星难以全面满足我国经济社会发展庞大而迫切需求的情况下，童庆禧根据我国国情特别倡导大力发展航空遥感。他领衔中国科学院航空遥感团队引进并改装了两架先进的高空遥感飞机，主持了国家"七五"科技攻关"高空机载遥感实用系统"的研究项目，第一次在两架高空遥感飞机上完成了从可见光、红外到微波，从主动遥感到被动遥感，从非图像方式到图像方式的分布式集成，在国家科技攻关和各部门的重大资源调查、环境监测等任务中表现出色，特别是在自然灾害监测方面发挥了重要作用，让我国的航空遥感水平达到了世界前列。

遥感飞机装备及中国科学院航空遥感中心成立

20世纪70年代"唐山地震航空遥感""哈密航空遥感""腾冲航空遥感"等的历练，让童庆禧受到很大的启迪，他清楚地意识到，在国内资源卫星研发条件尚未成熟、我国卫星遥感时代尚未到来之前，中国的遥感科技工作者绝不能无所作为，发展航空遥感就是一条必由之路。事实上，即使美国和法国这样的发达国家当时已经有了自己的遥感卫星，但为了获得更高分辨率遥感影像数据，这些发达国家仍然十分重视航空遥感的发展。经对国内外遥感发展动向的准确把握和慎密思考，童庆禧和同事们上书中国科学院和国家，提出了引进先进飞机、大力发展航空遥感的建议，首先发展航空遥感，用飞机来解决遥感探测需求。

这一建议得到了中国科学院的支持，但鉴于经费需求巨大，需向国家申请支持。20世纪70～80年代交替之时，正值国家改革开放初期，包括国家业务部门的研究院所和高校都在更新和提升本部门的科研、教学和生产装备，纷纷向国家提出购买和装备飞机的要求。由于我国当时还不能生产这类通用型和性能优越的飞机，要满足各部门对专用飞机的要求都需要动用大量外汇从国外引进。为此当时主持国务院工作的邓小平同志专门召集了国家计委（发展和改革委员会的前身）、国家经委等部门领导听取需要引进飞机的部门和单位的汇报，中国科学院的代表也应邀列席了国务院的这次专门会议。这次协调汇报会的结果是，为中国科学院和中国民航局网开一面，批准中国科学院引进飞机作为发展遥感科技之用，而中国民航局将引进飞机开展通用航空业务。中国科学院责成童庆禧作为引进中国科学院遥感飞机的主要负责人，并主持对飞机进行遥感技术适应性的改装工作。从1984年到1986年，在国家和中国科学院的支持下，由童庆禧主持从美国引进并改装两架先进的美国塞斯纳飞机公司"奖状S/II"型高空遥感飞机，我国民航统一编号为B4101和B4102（B4101飞机以光学遥感为主，B4102飞机以微波遥感为主，B代表涡扇型飞机）。

选择"奖状"飞机作为引进遥感飞机的型号，这个过程并不简单。国务院批准引进飞机后，中国科学院和中国民航局希望能引进同类型的飞机便于管理和维修，起初两家都看中了当时美国"比奇"公司生产的"超级空中国王"型飞机。作为中国科学院装备的遥感飞机必须要满足中国科学院不同学科发展研究的需要，在了解更具体的飞机技术性能之后，就发现了一个重要问题，即"超级空中国王"这种螺旋桨飞机最佳的飞行升限仅在6 000米上下，不超过8 000米高度，这就无法满足中国科学院对青藏高原研究的高空飞行需要，而飞行距离上也难以实现一次飞行可达我国任何区域。鉴于此，中国科学院退出了与中国民航局的共同行动计划。随后，以童庆禧为首的中国科学院飞机引进团队经过多方详细论证，选中了与"比奇"飞机制造公司在同一城市的"塞斯纳"公司生产的"奖状S/II"型飞机。"奖状S/II"型飞机是以涡轮风扇发动机为动力的高空高速飞机，其飞行升限可达13 000米，巡航速度可达700～800千米/小时，高空遥感作业时可保持600千米的时速，最大航程3 300千米，并配有精确的定位定姿系统（POS）等，具有全天候飞行作业的能力，完全满足了中国科学院对遥感飞机的指标要求。紧接着从1984年的春暖花开时节到多彩秋季，经过技术性讨论到商务谈判等漫长的过程，最后由中国航空技术进出口公司与美国"塞斯纳"飞机制造公司签订了以750万美元的基本价格购买两架"奖状S/II"高级公务飞机并进而根据中方要求进行遥感技术改装的合同。

中国科学院遥感飞机的选型过程充分反映出童庆禧对黄秉维先生综合地理学思想的继承，也贯彻了孙鸿烈副院长的思想，务必让引进的遥感飞机更好地服务于中国科学院乃至全国的遥感与多学科交叉发展。后来这两架飞机高空飞行的利用率极高，其中多次上青藏高原，出色地支持了我国不同地理区遥感科学研究工作，还在高山密集的汶川地震灾区监测中发挥了国家应急科技救灾的关键作用，这得益于"奖状"飞机良好的高空遥感飞行性能，当然也与当初引进飞机选型时童庆禧的认真细致工作不无关系。

童庆禧、薛永祺、叶华强等赴美讨论遥感飞机适用性改装方案

　　1985年7月中国科学院的两架"奖状S/II"原型机出厂，童庆禧、薛永祺和电子所叶华强研究员顶着美国堪萨斯40多度的高温查看原型机，参考国内外类似专业飞机的改装情况，根据我们设定的"系统、完整、先进、周全"的基本思想，与厂方研究确定了两架飞机遥感适应性改装的总体方案。按合同预定的时间，1986年3月两架飞机完成了遥感适应性改装，我方验收人员和包括飞行员机组在内的空地勤人员也陆续抵达美国堪萨斯维奇托城，开始验收和培训工作。4月飞机改装验收均一一完成，培训工作包括模拟器飞行和实际飞行培训也十分顺利，最终参加培训的空地勤人员也都完成学业，拿到了结业证书。

　　在所有工作顺利进行之时，却出现了一个双方都没想到的一个问题：我们验收看到的却是一架舱内无座椅的飞机，由此双方的"标准机"争论就开始了。我们查看合同，上面写经验收移交的飞机是"标准机"。我方认为，标准机就是要能乘坐人员的飞机，怎么可能没有座椅？飞机可乘坐6位旅客，因此我方认为理所当然应该有6个乘客的座椅。对方则认为，他们所谓的"标准机"就是按设计装修完成可飞行的飞机，而座椅则是作为飞机选装设备应由用户另行购买。双方参加验收的人员之间争论不下，对方换了公司负责的中层人员出面解释仍未能解决。最后塞斯纳公司副总裁拜伦茨亲自出马，为了这每架飞机上的6把座椅，这位副总裁也是拼了。他连续三天与童庆禧不停地讨论，我方完全是根据推理认为应该是有座椅，而美方则是业内约定俗成的所谓"标准机"就是没有座椅的，双方都拿不出确实的证据支持自己的意见。开始我方认为只不过是个机上的座椅，可能也就1 000～2 000美元；后经美方报价，一个座椅在不同的位置就是1万～2万美元，两架飞机12个座椅价值不菲。在双方争执不下的情况下，经请示童庆禧提出了折衷方案，既然双方都拿不出证据就按各负担一半，我方则以一半的经费采购了6把座椅，每架飞机配备了3把座椅。作为遥感飞机，座椅并非重要配置，但有了座椅后来当形势需要海军领导借用视察南海和西沙时就派上了大用场。

童庆禧在美国塞斯纳公司奖状飞机地面飞行模拟舱

多种遥感适应性改装的确对"奖状"飞机的飞行性能略有影响，但13 000米的飞行高度确定几无影响，其作业飞行速度仍不低于600千米/小时。在所有问题得到解决之后，我方担心的一个问题又出来了，这就是位于飞机上部的两台发动机会不会对飞机尾部非密封舱的红外探测产生影响？虽然美方一再表示没有影响，但童庆禧和薛永祺仍然坚持需要实验数据证明。为此飞机制造公司又不得不启动风洞和黏贴指示条的现场试验，最终获得了满意的测试数据才让我方放下心来。

以航空遥感飞机的引进作为一个重要标志，中国科学院的航空遥感步入了一个最佳的发展时期。与引进遥感飞机工作同步，1984年筹备成立"中国科学院航空遥感中心"，1985年中国科学院航空遥感中心正式批准成立，童庆禧被任命为航空遥感中心主任，负责带领这一新生机构开启新的奋斗篇章。国家领导人对航空遥感中心的成立给予了重视，胡耀邦同志亲笔题写了"中国科学院航空遥感中心"。

中国科学院1985年批准成立"中国科学院航空遥感中心"的通知

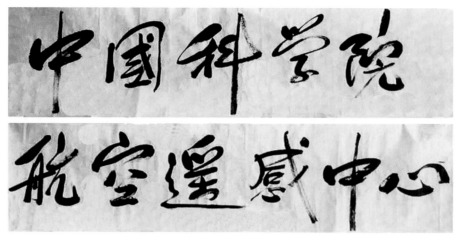

胡耀邦为中国科学院航空遥感中心题名

童庆禧与中国科学院航空遥感中心成立时的主要成员合影

飞机的采购已获国家批准，到底谁来飞？停在哪里？谁来负责日常管理和维护？这些都是大问题。曾经有人不赞成引进飞机的理由，就是中国科学院无法组建自己的飞行机组，也无法建立自己的机场。为此，童庆禧和中国科学院资源环境局副局长杨生专门给曾在中国科学院工作过、还关心过中国科学院遥感技术发展的时任海军司令员刘华清写了一封信，恳请老领导给予支持。刘华清司令非常重视，很快就有了回复，责成海军航空兵司令员负责处理此事。海军航空兵当即派一位副参谋长与中国科学院对接，并最后达成由海军航空兵抽调两个机组组成奖状中队，中国科学院的遥感飞机停靠海军航空兵北京良乡机场。

1986年6月两架"奖状"遥感飞机如期从美国飞抵北京良乡机场；1986年6月30日，两架高空遥感飞机在良乡机场举行了隆重的开飞仪式，童庆禧主持了仪式。开飞仪式前一天一直下雨，大家都担心翌日开飞仪式会受到影响。所幸天公作美，开飞当日早上天放晴了，长空湛蓝，还飘着几朵白云。海军司令员刘华清、海军副司令兼海军航空兵司令李景等军队领导，周光召副院长、孙鸿烈副院长、王大珩先生等中国科学院领导和专家参加了这一隆重的仪式。遥感飞机开飞仪式上，安排了来华交机的美国飞行员做"奖状"飞机飞行表演，其中最为精彩的要数"奖状"飞机短距离起飞和低空大角度急转弯，充分展示了这两架飞机的优良飞行性能。

引进并停留良乡机场的两架高空遥感飞机（光学：B4101；微波：B4102）

自此以后，中国科学院航空遥感中心进入了"有机"时代。中国科学院遥感飞机带着发展遥感技术以更好服务经济建设和学科建设的任务，开始在祖国大地上空翱翔。无论是我国西北的高山荒漠，还是东南的绿茵丛林，都留下了它飞行的雄姿；每当洪水肆虐的季节，总是遥感飞机最忙的时候，是它全力守护着祖国大地、及时报告各地灾情；它也曾远赴国外执行国际科技合作任务并载誉而归。这两架"奖状"遥感飞机尽职尽责、恪尽职守，至今仍然老骥伏枥、志在高空，为中国遥感事业继续服役！

童庆禧主持的中国科学院航空遥感中心遥感飞机开飞仪式

中国科学院领导与海军航空兵首长就遥感飞机代管协议商谈后合影（左5为中国科学院
孙鸿烈副院长，左6为中国科学院资源环境科学与技术局欧阳自远局长，左7为童庆禧）

中国高空机载遥感系统的创建

在飞机成功引进后，原国家计委和原国家科委以这两架飞机为主体，将"高空遥感实用系统研究和建设"列为国家"第七个五年计划"的重点攻关项目。童庆禧主持了两架引进飞机的综合遥感技术改装总体设计，负责"高空机载遥感实用系统"国家攻关课题。

"高空机载遥感实用系统"是由中国科学院和国家教委下属13个研究院所和高等院校300多名科技人员参与的、我国有史以来最大的航空遥感发展项目。项目围绕地物波谱特性、地面同步试验、资源勘察、灾害监测等研究和应用方向，从1986年开始实施，至1989年"奖状"飞机的各项遥感载荷先后完成，总共成功研制了14台（套）不同类型的航空遥感仪器系统，这些遥感仪器设备主要包括：航空多波段相机、新型红外扫描仪、多光谱扫描仪、航空真实孔径雷达和合成孔径雷达、多模态微波辐射计/散射计/高度计、激光测高/测深仪、机上集中监控系统、遥感数据实时传输系统等，还开展了航空成像光谱仪的预研。"高空机载遥感实用系统"项目通过航空遥感设备选择的系列化和模块化，在遥感飞机上实现了仪器设备分布式和可更换式集成，使"奖状"遥感飞机具备可装载航空照相机、成像光谱扫描仪、成像雷达等多种遥感传感器能力，并具有吊舱采集大气样本和酸雨样本等功能，形成了集多种遥感信息获取、遥感数据的机-地实时传输、数据和信息的处理、分析及相应基础技术、应用技术以及支持系统于一体的先进航空遥感系统，在国内外形成了较大影响。

该航空遥感系统在综合性、集成性、系统性、完整性和先进性等方面在当时均为国内领先，使我国航空遥感从以航空摄影为主或以单一手段的探测应用提高到一个以实用化和分布式集成为特点，具有全天候、全天时探测作业以及较强应急反应能力的新阶段。同时，围绕地物波谱特性研究、航空地面同步试验、资源勘察、环境和灾害监测等方向，形成了一套完整的航空遥感技术及应用体系，快速使我国航空遥感跻身于国际先进行列。

光学及微波"奖状"飞机的遥感技术改装外观

光学遥感飞机遥感技术改装

微波遥感飞机遥感技术改装

1991年童庆禧率"奖状"飞机赴澳合作，抵达达尔文机场

因"高空机载遥感实用系统"项目的突出成果，童庆禧、薛永祺、姜景山及其他主要科技人员获中国科学院科学技术进步奖特等奖、国家科学技术进步奖二等奖。这个获奖成果的项目成员中，童庆禧、薛永祺后来成为中国科学院院士，姜景山成为中国工程院院士。

1993年"高空机载遥感实用系统"获中国科学院科学技术进步奖特等奖

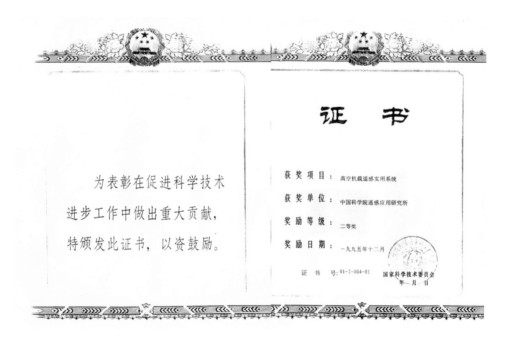

1995年"高空机载遥感实用系统"获国家科学技术进步奖二等奖

航空遥感飞机服务国家重大战略

童庆禧负责的航空遥感飞机成功改造后，这两架航空遥感中心的"奖状"遥感飞机，能够搭载不同电磁波范围（紫外、可见光、短波红外、热红外、微波）的遥感仪器开展飞行试验。该类小型化、综合性能强的航空遥感平台，即使在发达国家也为数不多，其综合技术性能长期在国内保持领先地位。依托这两架遥感飞机，中国科学院航空遥感中心随后开展了众多的光学、红外、微波遥感飞行试验，引领了我国航空遥感事业的快速发展。

在飞机引进的一个多月后，即1986年8月初，中国科学院航空遥感中心的"奖状"飞机便完成了遥感首飞——东北洪灾监测应用。东北地区的辽宁省东辽河突发洪水，应中国科学院和国家防汛抗旱指挥部的要求，遥感飞机执行洪水监测任务，计划飞行高度是3 000米，由时任中国科学院

童庆禧（右一）指导人员进行航空遥感实验设备机上调试

童庆禧与同事在日本名古屋机场讨论高光谱遥感设备安装事宜

童庆禧和日本专家在日本名古屋机场研究遥感飞行方案

"奖状"飞机执行首次航空遥感任务——超低空获取东辽河洪水航空影像

航空遥感中心主任的童庆禧亲自操作仪器进行彩色红外遥感摄影。由于当时灾区上空布满了厚厚的、棉花状的淡积云，童庆禧当即决定降低高度至云层下飞行，并得到飞行机长的支持。这种淡积云的云底高度大约在500～800米，"奖状"飞机就从3 000米飞行高度降低到400米，这样终于获得了比较满意的洪水灾害航空影像，从而出色地完成了"奖状"飞机引进以来首次航空遥感任务。"奖状"飞机的速度比一般低空飞机的飞行速度更高，这种临场改变计划做超低空飞行，对在"奖状"飞机上只有较少飞行小时的机组成员是很大的考验，也是宝贵的历练。

1986年9月1日，《人民日报》以《千里眼显神通　遥感飞机首次北疆调查》为题，对童庆禧主持的中国科学院遥感飞机找矿进行了报道："几天来，一架银白色的轻型飞机连续耕耘在祖国西北角阿勒泰和准噶尔地区上空。8月30日，中国科学院遥感飞机顺利飞完最后一个航次，已经圆满完成了对该地区2万多平方公里的矿产资源航空遥感调查工作。这架名为'奖状'的中国科学院遥感飞机，是今年6月进口以来首次正式用于科学考察工作。自8月22日起，这架遥感飞机连续起降七次，累计飞行6 000余公里。科研人员在八九千米上空，利用机载先进仪器，先后对阿勒泰和东、西准噶尔地区的山地、河谷和荒漠地带进行了大面积的遥感摄影，获得了数千幅清晰的彩色红外照片。主持这项科研工作的中国科学院航空遥感中心主任童庆禧研究员介绍说，这次航空遥感调查，为在新疆北部寻找多种金属矿藏的地质分析工作提供了可靠依据。与此同时，运用国内最新研制的高光谱仪器，对西准噶尔地区的黄金矿产蚀变带进行了分析和提取，为遥感'直接'找矿做了有益的尝试。"

两架航空遥感飞机利用率非常之高，相继在国家黄金找矿攻关、大兴安岭林火灾、"三北"防护林和黄土高原水土流失监测、国家土地资源调查、奥运场馆遥感、汶川大地震监测、玉树地震监测等多项任务中，均担当了重要的航空主力军作用。

1988年中国科学院航空遥感中心"奖状"飞机上拍摄珠穆朗玛峰

中国科学院航空遥感中心的这两架"奖状"遥感飞机已经服役近40年，安全飞行10 000余架次，累计飞行面积逾200万平方千米，完成了200余项科学飞行试验及多项遥感器的测试定型试验飞行，在促进国家遥感基础科学研究、高新技术发展以及重大自然灾害监测等方面发挥了重大作用。因其优异的规划设计和性能，直到今天，这两架飞机依然还处于服役状态，装载有航空照相机、成像光谱扫描仪、成像雷达等多种遥感传感器，具有全天候的高空高速飞行作业能力，技术水平仍属于国内领先。它们与新投入运行的国产遥感飞机一起，在中国科学院遥感中心执行全天时、高精度对地观测任务。

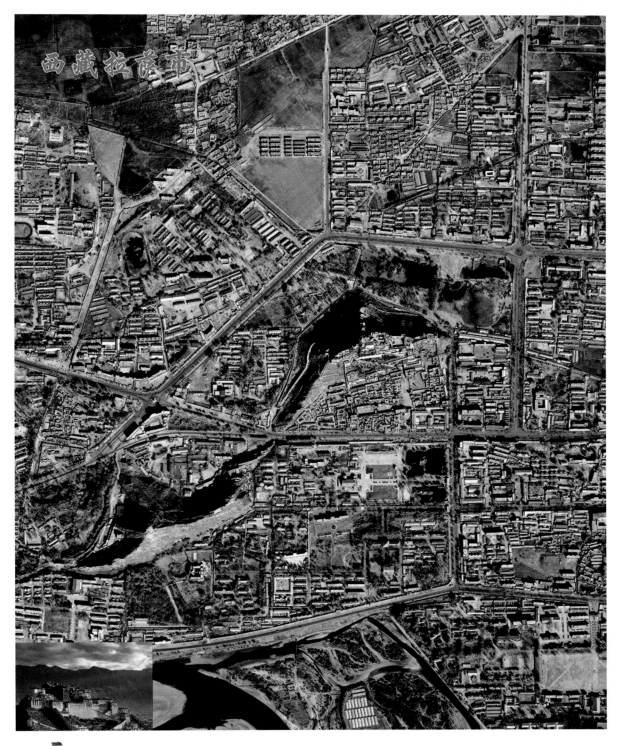

1991年中国科学院航空遥感中心"奖状"飞机拍摄拉萨市布达拉宫区域

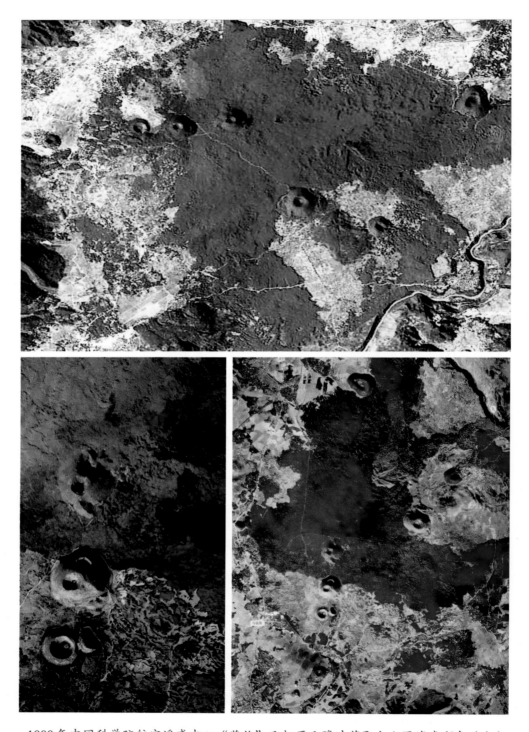

1999年中国科学院航空遥感中心"奖状"飞机再飞腾冲获取火山区域真彩色（上）
及假彩色（下）影像

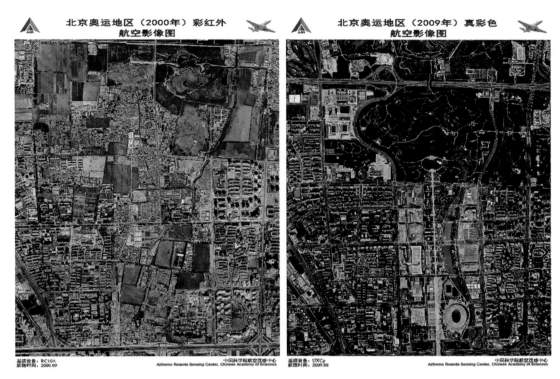

中国科学院航空遥感中心"奖状"飞机拍摄的北京奥运地区航空影像
（左：2000年；右：2009年）

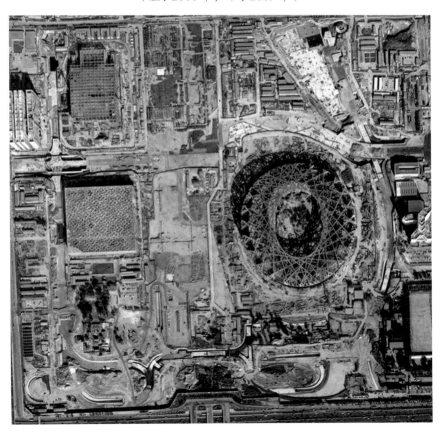

中国科学院航空遥感中心"奖状"飞机拍摄建设中的"鸟巢"与"水立方"影像
（遥感设备：RC30；数据时间：2006年10月23日）

2008年5月14日执行汶川地震灾害监测任务的两架"奖状"飞机
在重庆江北机场待命

2008年5月17日光学与微波两架"奖状"飞机监测执行汶川地震中都江堰紫坪铺水库区域受灾情况

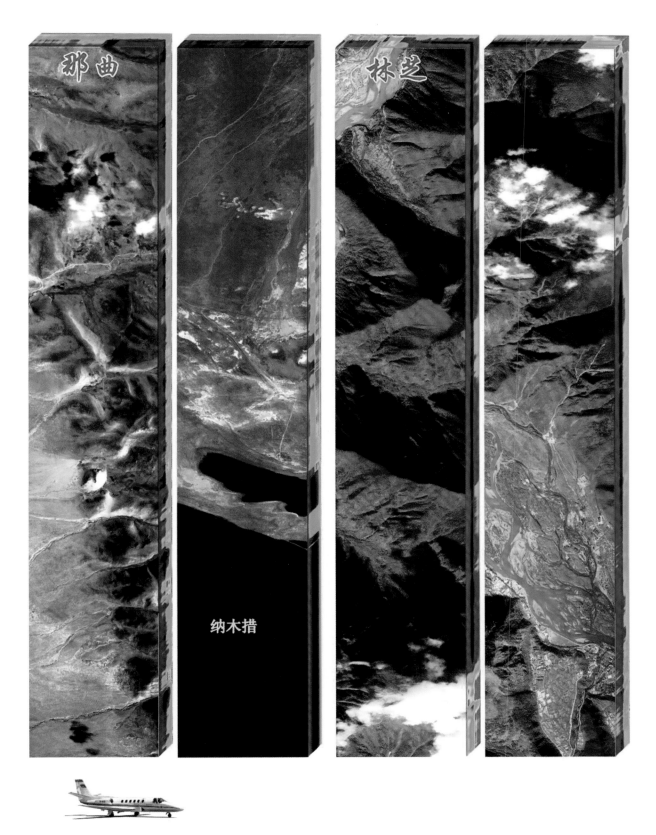

那曲

纳木措

林芝

2011年"奖状"光学遥感飞机在青藏高原星机地综合遥感科学试验中
获取PHI高光谱影像

2023年3月18日中国科学院航空遥感中心"奖状"飞机飞越祁连山"八一"冰川

童庆禧指导航空遥感图像解译工作

　　这两架遥感飞机不仅出色地完成了国内多行业的遥感任务，还多次赴国外开展国际航空遥感技术交流。如在遥感飞机正式启用一年之后，1987年7月在童庆禧的带领下，中国科学院遥感飞机装载着自行研制的航空遥感设备，应邀参加了国际著名大型航空展览之一的新加坡航展，这是在航空展览上第一次有遥感飞机参展，并且来自中国，引起不少国外航空业的关注。同时，中国科学院航空遥感飞机还参加与美国、意大利、澳大利亚、日本的多项遥感科技合作飞行任务，见证了我国航空遥感事业的不断发展壮大，可谓我国航空遥感事业中的功臣重器。

1987年童庆禧与薛永祺率中国科学院航空遥感中心"奖状"飞机参加新加坡航展

1991年童庆禧和薛永祺在达尔文做"奖状"飞机遥感飞行设计

1999年童庆禧与薛永祺（左二）、张兵（左一）共同赴加拿大
渥太华参加第三届国际航空遥感展会

2002年童庆禧与薛永祺院士等在江苏常州参加航空高光谱遥感实验

以"奖状"遥感飞机作为主要科研平台，童庆禧率领团队完成了中国科学院航空遥感研究、开发和应用多项成果，获得了近10项国家和部委的奖项，其中中国科学院科技进步奖特等奖2项，国家科技进步奖二等奖4项。这些成果对航空遥感事业的发展起到了积极的推动作用，引领中国航空遥感走上了从无到有、再到保持国际先进的奋进之路。

2019年童庆禧和"奖状"遥感飞机机组的老成员重聚

新一代航空遥感系统建设的推动

多年以来，在中国领空执行遥感科学观测任务的主要是两架"奖状S/II"型遥感飞机，而拥有我国自主研发的综合遥感飞行平台一直是中国科学院的重要目标和任务。童庆禧作为国家中长期科技发展规划的战略研究专家及中国科学院航空遥感中心第一任主任，倡导推进了新一代航空遥感系统的建设，将航空和临近空间遥感第一次作为国家对地观测系统列入高分辨率对地观测计划。

童庆禧向国家遥感中心提出发展新一代航空遥感的建议，与此同时，提出中国科学院遥感飞机的更新建议。这两个报告均得到积极的响应，2004年由中国科学院向国家发改委提出将装备大型遥感飞机项目纳入国家大科学工程计划，该项目经国家发改委组织评审得以通过。后经中国科学院决定，将大科学工程遥感飞机的引进和相应设备的装备由原遥感应用研究所（2012年与中国科学院对地观测中心合并为遥感与数字地球研究所）主持变更为原电子学研究所主持（2018年中国科学院党组顺应党中央对科技机构改革的总要求，在中国科学院电子学研究所、遥感与数字地球研究所、光电研究院的基础上，整合组建成了中国科学院空天信息创新研究院）。党的十九大胜利召开后，"深化供给侧结构性改革""培育具有全球竞争力的世界一流企业"等与民机发展密切相关的新思路、新决策陆续出台。"国产民机"与"国家重大项目"珠联璧合，我国航空工业技术力量和中国科学院科研实力强强联合，成为我国飞机制造业与中国科学院贯彻落实战略合作、满足国计民生需要、全面推进建设航空强国目标实现的重要战略举措。新一代航空遥感系统，作为航空遥感领域的综合遥感集成平台和国家级大型实验平台，利用我国自主生产的新舟60飞机，完全依靠我国科学家和我国航空工业技术力量，首次实现了国产民机航空遥感最高复杂度的综合改装与集成。2021年7月，作为国家重大科技基础设施，航空遥感系统顺利通过国家验收并正式投入运行。这是一个基于中型飞行平台、综合集成多种遥感载荷能力的国家级航空遥感系统，可全天时、高精度展开对地观测任务。

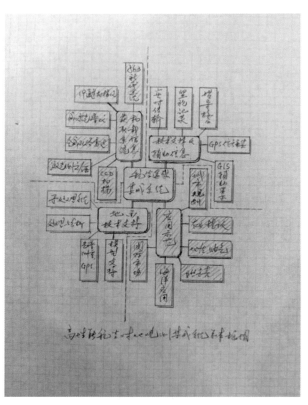

童庆禧撰写《高性能航空对地观测系统项目建议书》的手稿

　　童庆禧还对无人机遥感技术发展给予了持续关注并积极探索。2005年，在贵州地区，他成功地领导了北京大学、中国科学院遥感应用研究所和贵航共同组织的我国工业无人机首次遥感飞行试验，这次无人机飞行搭载了童庆禧主导研制、当时处于国内技术领先的多模态航空数字相机（multi-mode airbore digital camera system，MADC），获取了贵州试验区城镇、村庄多场景的超高清无人机影像。这些无人机遥感成果在当年在贵阳举办的第十五届全国遥感大会上进行了成果展示和学术讨论，引起了与会遥感科研人员的极大关注。该试验验证了无人机在对地观测中的高效性和精确性，充分展示了无人机作为新型遥感手段的巨大应用潜力，这一开创性的新型遥感实践活动，标志着中国无人机遥感技术的重要突破。

童庆禧领导的2005年贵州无人机遥感飞行试验获取影像中家禽数量清晰可见
（上：全图；下：局部展示）

航空遥感系统国产中型遥感飞机平台（新舟60遥感飞机）

　　2022年1月，童庆禧受邀参加中国科学院航空遥感中心首期"先进航空遥感技术"系列学术报告会，并作了题为"中国科学院航空遥感——起因与发展"的报告，讲述了中国科学院乃至我国航空遥感的历史与展望。童庆禧从"文革"刚刚结束、百废待兴开始，讲述了中国的遥感故事：从用电话机接收信号的遥感零起步到钱学森先生的启示，从唐山地震的遥感监测到腾冲遥感，从"奖状"飞机的邓小平同志"一锤定音"到胡耀邦总书记的嘱托，以及"奖状"飞机的前世今生，到新舟60遥感飞机做中国自己的装备等，生动地呈现了中国航空遥感技术发展五十年的全景历程。令童庆禧十分欣慰的是，胡耀邦同志的"中国科学院航空遥感中心"题名仍在"奖状"飞机和国产新舟飞机上闪着耀眼的光芒，执行着中国科学院航空遥感中心在全国各地的诸多遥感飞行任务，为中国遥感事业发展继续提供强有力的飞行平台、航空遥感仪器系统和处理能力全方位的支撑，也是对老一代无产阶级革命家的告慰！

童庆禧受邀参加中国科学院航空遥感中心首期"先进航空遥感技术"系列学术报告会

第五章　高光谱韵　格物致知

"言欲致吾之知，在即物而穷其理也"

　　童庆禧等老一辈科学家高瞻远瞩，开创了中国高光谱遥感这一学科，并源源不断输送高光谱研究的知识源泉，使我们能够深入地格物致知，基于光谱信息，探索事物的本质和内在规律。我们既可以探索宇宙天体的起源，也可以用来观测我们所在的地球；既可以监测环境安全，也可以为百姓生活的衣食住行保驾护航，高光谱遥感的应用领域不断拓展。

率先开展地物光谱测量遥感研究

　　早期的航空或卫星对地观测时，地物的影像和光谱数据获取是分开进行的。童庆禧在20世纪70年代就开始从事地物遥感波谱特征研究，他主持我国第一台野外自动光谱辐射计研制、新疆哈密航空遥感、云南腾冲遥感、津-渤城市遥感以及黄淮海农业遥感等一系列活动，都是他发展航空遥感思想的实践过程，并积极支持和参与了顺义遥感。其中包括在腾冲航空实验就已开始地物遥感波谱航空飞行测量，并在国内首先提出关于多光谱遥感波段选择的科学问题，编著出版了国内首部地物光谱学术专著（1990年）——《中国典型地物波谱及其特征分析》。

童庆禧在北京密云水库进行水面要素观测

开创我国高光谱遥感研究的先河

随着国际上遥感技术快速发展，特别是探测器技术、成像技术和记录、存储、处理技术突破的支持下，在美国首先出现了将影像与光谱探测融合为一体的遥感器研制思路。作为新一代传感器，高光谱成像仪器能够获取连续窄波段的光谱信息，遥感光谱分辨率的提高也有助于识别出具有诊断性波谱特征的地物，大大提升了人们对客观世界的认知水平。

得益于我国遥感界频繁深入的对外交往，特别是国家遥感中心成立之际的"请进来、派出去"方针，让童庆禧准确地把握住了国际遥感技术的发展动向，尤其是高光谱遥感技术的兴起态势。20世纪80年代初期，中国科学院原遥感应用研究所郑兰芬研究员在美国科罗拉多大学做访问学者，从美国寄回一批有关美国遥感科技发展的材料，其中涉及成像光谱的材料引起童庆禧的高度重视。与此同时，童庆禧与美国JPL实验室专家安·卡尔的交流中了解到美国正在研制成像光谱仪的动向。随后，童庆禧联合中国科学院上海技术物理研究所薛永祺研究了这一新型遥感技术实现的可能，这也是我国开展高光谱成像遥感技术研究的起源。

《中国典型地物波谱及其特征分析》
图书封面

与应邀前来合作的美国JPL专家Ann Kale在实验室讨论

1996年访美期间与美国高光谱开拓者Alex Goets在科罗拉多大学

　　童庆禧与薛永祺等一道倡导并率先在我国开展了成像光谱遥感技术和应用研究。在他们的倡导和主持下，高光谱遥感技术被首次列入国家1986年开始的"七五"和1991年开始的"八五"科技攻关计划，促使中国的高光谱遥感与国际先进水平保持基本同步的发展步调。从20世纪80年代开始，童庆禧与薛永祺院士团队合作开发了系列高光谱成像系统：1986年红外细分多光谱扫描仪（FIMS-1）、1987年更先进的12波段短波红外多光谱扫描仪（FIMS-2）接连投入应用。之后，具有先进水平的模块化航空成像光谱仪（MAIS）研制成功，MAIS成像范围涵盖可见—近红外—短波红外—热红外，从而使其总波段达到71个。此后，上海技术物理研究所又研制了推帚式成像光谱仪（PHI）和实用型模块化成像光谱仪（OMIS）等系列高光谱成像设备。

航空高光谱成像仪，从左至右分别为：MAIS、PHI、OMIS

　　2008年，童庆禧与薛永祺团队合作，创新性地采用了PGP分光和高精度反射镜扫描技术，研发了国内首套地面成像光谱仪，并获得中国发明专利授权，该仪器能够获得空间分辨率高达1 mm、光谱分辨率优于5 nm的地物光谱图像，对于深化像元光谱机理研究起到了重要支撑作用。之后的十多年间，地面成像光谱仪不断迭代升级，谱段从400～1 000 nm，拓展到2 500 nm，团队还研发了显微成像光谱仪、一系列手持式智能光谱仪等，支撑了国家相关领域对高光谱科研仪器的重大需求。

童庆禧与薛永祺主持研制的国内首套地面成像光谱仪

开拓高光谱遥感多领域应用研究

　　国产航空高光谱仪器的研制成功以及高光谱信息技术的发展，为高光谱遥感在我国的深入发展和广泛应用奠定了坚实基础。中国科学院引进、设计、改装的"奖状"遥感飞机的投入使用，更使这一技术的应用如虎添翼。童庆禧带领研究团队率先开展了高光谱遥感（成像光谱）超多波段大容量信息的高速处理、成像光谱信息定量化、以图像立方体为显示特性的可视化、地物光谱信息提取及地物目标的识别分类等诸多方面的高光谱遥感信息技术关键技术研究，最早开展了多领域的国内光谱成像应用研究实验。

　　1986年开展的新疆岩矿与蚀变矿物探测高光谱航空实验，是我国最早开展的成像光谱应用实验。在我国西部干旱环境下进行地质找矿，证明这一技术对各种矿物的识别以及矿化蚀变带的制图十分有利，使其成为地质研究和填图的有效工具。通过影像解译，可以了解区域的地质构造、地层和岩石的空间格局，而光谱分析则可能揭示与岩矿类型、矿物特征和成矿背景有关的信息，这也是国际上最新的地矿遥感研究方向。在20世纪80年代中期开始的黄金找矿热潮中，我国自主研发的FIMS-1于1986年装载于中国科学院"奖状"遥感飞机上，在新疆西准噶尔地区圈定的范围开展了遥感飞行。1987年FIMS-2被用于新疆西准噶尔地区更大范围的遥感飞行。童庆禧和研究团队成功地应用FIMS高光谱图像数据，针对蚀变矿物在2.0～2.5 μm波段的吸收带，利用不同岩石矿物含量的不同造成的精细光谱差异，成功地提取和区分了用常规遥感难以区分的岩类，建立了矿物吸收指数模型，发展了单矿物、蚀变带的识别、提取和制图技术，开创了遥感直接识别和圈定地面蚀变带和矿化带的先河。

　　高光谱成像仪器的研制以及在黄金找矿实践中的成功应用和技术突破，使我国的高光谱遥感及应用技术发展有了一个较高的起点。这在当时国际上尚无先例，完全是根据中国国情、技术状况和特殊需求的创新型研究成果，这也是中国在机载准成像光谱技术和应用上取得的重大突破，它极大地鼓舞了遥感科技人员在这一领域继续探索的信心。

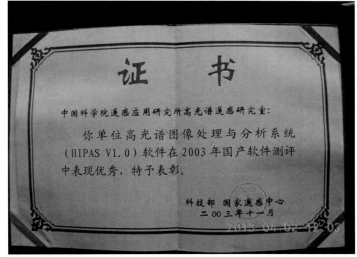

高光谱图像处理与分析系统（HIPAS）获科技部国家遥感中心表彰

　　童庆禧和薛永祺团队不仅让成像光谱遥感数据在地质和固体地球领域研究中发挥作用，还在油气资源探查、生态环境研究、农业、海洋以及城市遥感等方面均取得了一系列重要成果。利用高光谱遥感的信息优势，率先实现了湿地植被和农作物品种的精细分类、新疆柯坪县和吐鲁番地区的地层区分、城市建筑材料的精细识别；形成了内陆水质高光谱监测技术方法体系，构建了重点湖泊水质监测业务化系统；研发了"高光谱遥感信息处理与分析系统"（HIPAS）并通过了专业软件测评，这是国内第一套具有完全自主知识产权、面向高光谱遥感数据的专业图像处理与应用软件系统，2003年HIPAS荣获科技部表彰，被欧盟行业调研报告评为国际六大顶尖高光谱图像处理软件之一（ENVI、HGPS、HIPAS、SIPS、EPIP、PCI）。这些成果都已成为我国高光谱遥感应用的经典之作，在国内和国际上产生了广泛影响。同时，这些成果也引领了高光谱遥感技术在中国的迅速发展，高光谱遥感已经成为地质制图、植被调查、海洋遥感、农业遥感、大气研究、环境监测等领域的有效技术手段，发挥着越来越重要的作用。

欧盟行业调研报告将HIPAS评为国际六大顶尖高光谱图像处理软件之一

　　童庆禧带领研究团队主编出版了高光谱遥感系列专著，并已成为我国高光谱遥感领域的经典著作和精品教材。从起步到蓬勃发展、从探索研究到创新发展并深入应用，中国高光谱遥感技术始终和国际前沿保持同步。

　　从2010年开始，童庆禧指导高光谱遥感团队，利用自主研发的地面成像光谱辐射测量仪（FISS），开展了多种创新性的应用探索。博士生刘波第一次采用FISS系统，开展了作物田间杂草识别、桑树荧光的连续监测；之后，基于FISS及其改进版本，开展了成像光谱技术在食品安全、转基因种子、猪肉新鲜度、牛奶品种、唐卡鉴定、文物考古等方面的大量交叉学科应用实践，开创了高光谱遥感技术在多领域的创新应用。

水下光谱仪　　　　　　　水质光谱芯　　　　　　手持光谱仪

面向水质监测研发的多款光谱仪

与故宫博物院在文物高光谱领域开展合作

带着"锲而不舍、执着追求"的精神，2021年童庆禧和薛永祺院士带着一批长期奋斗在高光谱遥感领域的中青年科研人员历时5年，联合主编了一套"高光谱遥感科学丛书"。该套丛书瞄准国际前沿，从信息获取、信息处理、目标检测、混合光谱分解、岩矿高光谱遥感、植被高光谱遥感等六个方面，系统地介绍了高光谱遥感的最新研究技术及前沿应用。这套丛书获得国家出版基金资助，被同行认为代表了我国在高光谱遥感探测技术方面的水平和实力，是全面系统反映我国高光谱遥感探测技术研究成果和发展动向的一套科学性著作。

高光谱遥感教材与专著

高光谱遥感科学丛书

高光谱遥感科学丛书编委会会议在武汉成功召开

在学术推广方面，童庆禧及其团队2011年自主发起了两年一届的"全国成像光谱对地观测学术研讨会"，至今已成功举办七届，已成为国内最大的高光谱遥感学术交流平台，为我国高光谱遥感的普及和发展起到了巨大的推动作用。

童庆禧参加2011年第一届全国成像光谱对地观测学术研讨会

童庆禧（右三）在广州参加2023年第七届全国成像光谱对地观测学术研讨会
（从右至左依次为：张兵、王晋年、童庆禧、薛永祺、王建宁、舒嵘、刘银年）

　　童庆禧及其带领高光谱团队所取得的系列重要研究成果，获得了中国科学院及国家的全面认可，2016年"高光谱遥感研究集体"荣获中国科学院杰出科技成就奖，2018年"高光谱遥感信息机理与多学科应用"荣获国家科学技术进步奖二等奖。

2016年度"高光谱遥感研究集体"
荣获中国科学院杰出科技成就奖

2018年度国家科学技术进步奖二等奖

主导高光谱遥感广泛的国际合作

从20世纪80年代以来，童庆禧带领高光谱遥感团队让我国的高光谱遥感技术走在了国际前沿之列，成为国际上高光谱科技合作领域的一支活跃的研究力量。在与美国、澳大利亚、日本、马来西亚等国的合作中，我国的高光谱遥感技术一直处于主导地位，并享有很高的国际声誉。

应澳大利亚的邀请，1990年9～10月由中国科学院遥感应用研究所和中国科学院上海技术物理研究所科技人员组成的成像光谱研究组，携带新研制的MAIS成像光谱仪与中国科学院的"奖状"遥感飞机，飞赴澳大利亚北部领地的达尔文市开展合作研究，开创了遥感技术走出国门支持国际合作的先例。围绕地质、城市和海岸带的遥感应用目标，与澳大利亚遥感科技人员一起，进行了成像光谱遥感飞行、影像处理、信息提取和分析，取得了一系列令人信服的成果，受到了澳大利亚官方和科技人员的高度评价。澳大利亚国家电视台曾两度报道我国遥感科技人员及遥感飞机与澳大利亚的合作情况，当时的工作地区——北领地首府达尔文市的地方报纸甚至用"（中国）高技术赢得了达尔文"这样的标题报道了中澳合作的研究成果。

先后两次应日本邀请，2000年和2001年在童庆禧和薛永祺带领下，团队携带自主研发的PHI航空成像光谱仪，赴日本开展高光谱精准农业实验。基于在长野获取的80个谱段的航空高光谱遥感数据，对卷心菜、大白菜、萝卜等多种蔬菜进行了精细分类，制作完成了实验区多种植被和蔬菜类型的精细分类图，用于支持蔬菜市场供需预测。这项工作也开创了利用高光谱遥感技术进行蔬菜品种精细分类的应用先例，获得日方高度评价。

中国科学院光学遥感飞机搭载MAIS开展澳洲松谷地区高光谱遥感铀矿探测，被当地报纸报道
（童庆禧：前排右一）

童庆禧向澳大利亚北部领地工业发展部部长汇报

2001年童庆禧（前排左二）带领团队与在日本开展合作交流

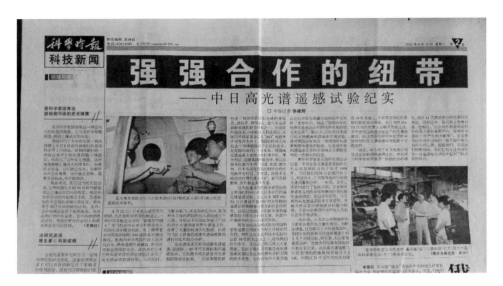

《科学时报》报道中日高光谱遥感合作

　　马来西亚科技部部长还亲自率团来华商谈技术引进及合作。2001年应马来西亚国家遥感中心邀请，童庆禧团队派出中国科学院的光学遥感飞机携带国产光谱成像仪，赴马来西亚开展热带雨林航空高光谱遥感试验，对马来棕榈树、红树林进行高光谱识别监测，2002年为马方国家遥感中心人员提供了遥感技术培训。

童庆禧与李京（左）、张兵（右）在马来西亚国家遥感中心合影

Bengkel Sistem Remote Sensing dan Aplikasi Pengurusan Sumber Asli dan Alam Sekitar pada 24 hingga 25 November 2000
Workshop on Airborne Remote Sensing System and Application for Natural Resources and Environmental Management held on 24 to 25 December 2000.

《马来西亚国家遥感中心年报》报道童庆禧团队成员张兵为马方遥感人员开展技术培训

此外，受美国Texaco和意大利AGIP石油公司委托，童庆禧团队在新疆塔里木盆地开展油气探测高光谱遥感，利用油气微渗漏的高光谱异常检测方法，标注了塔里木盆地油气勘探第6/7区块的油气高存在概率区域，显著减少了勘探钻井布设数量，大大节约了勘探成本。

童庆禧与美德士古（Texaco）石油公司首席科学家Alfred讨论高光谱合作事宜

童庆禧领军与澳大利亚、日本、马来西亚等国家及国外商业公司合作开展高光谱遥感技术推广实践，开拓了我国遥感领域高科技向发达国家提供技术支撑的先河，大大带动了国际上高光谱遥感技术应用，并得到亚洲以及国际遥感学术界的多次表彰。

童庆禧与国际知名同行及政要交流
（左上：与荷兰ITC海平纽斯教授；右上：与澳大利亚高光谱遥感专家Jon Huntington教授；
左下：亚洲遥感协会秘书长村井俊治教授；右下：与法国当地市长在一起）

　　正是由于20世纪80年代初童庆禧以敏锐的眼光，及时发展并抓住了国际遥感发展最新方向，并与上海技物所薛永祺院士团队一起，在我国开辟了高光谱遥感这一新学科方向，不仅研发了系列机载和地面高光谱成像设备，开展了大量应用研究，而且使我国的高光谱遥感设备和处理技术走出国门，与发达国家开展机载高光谱遥感合作，在国际上产生了重要影响。童庆禧院士和薛永祺院士为中国的高光谱遥感学科发展和人才培养作出了巨大贡献，使我国的高光谱遥感至今位于国际前列，国家著名刊物特邀童庆禧院士的中国高光谱发展30年综述文章，系统总结了中国高光谱遥感30年的发展，在国家高光谱遥感界引起高度关注。

　　今天，童庆禧院士与薛永祺院士仍然在指导张立福及其高光谱遥感团队，研发了高光谱水质在线监测系统、润滑油高光谱智能检测设备、司法高光谱文检仪等系列产品，医疗针探高光谱仪，以及系列便携式手持光谱仪，并大力支持高光谱技术的产业化落地工作，团队研发的系列高光谱产品已经商业化推广，满足了国家和行业急需；有的产品已经开始走出国门，在国际高光谱遥感领域具有较高的影响力和知名度。

70 IEEE JOURNAL OF SELECTED TOPICS IN APPLIED EARTH OBSERVATIONS AND REMOTE SENSING, VOL. 7, NO. 1, JANUARY 2014

Progress in Hyperspectral Remote Sensing Science and Technology in China Over the Past Three Decades

Qingxi Tong, Yongqi Xue, and Lifu Zhang, *Member, IEEE*

Abstract—This paper reviews progress in hyperspectral remote sensing (HRS) in China, focusing on the past three decades. China has made great achievements since starting in this promising field in the early 1980s. A series of advanced hyperspectral imaging systems ranging from ground to airborne and satellite platforms have been designed, built, and operated. These include the field imaging spectrometer system (FISS), the Modular Airborne Imaging Spectrometer (MAIS), and the Chang'E-I Interferometer Spectrometer (IIM). In addition to developing sensors, Chinese scientists have proposed various novel image processing techniques. Applications of hyperspectral imaging in China have been also performed including mineral exploration in the Qilian Mountains and oil exploration in Xinjiang province. To promote the development of HRS, many generic and professional software tools have been developed. These tools such as the Hyperspectral Image Processing and Analysis System (HIPAS) incorporate a number of special algorithms and features designed to take advantage of the wealth of information contained in HRS data, allowing them to meet the demands of both common users and researchers in the scientific community.

Index Terms—Hyperspectral remote sensing, imaging spectrometry, remote sensing technology, remote sensing applications.

I. INTRODUCTION

HYPERSPECTRAL imaging, also known as imaging spectrometry or imaging spectroscopy, has become established as a critical technique for Earth observation since it was first proposed by A.F.H. Goetz in the 1980s [1]. Imaging spectroscopy began a revolution in remote sensing by combining traditional two-dimensional imaging remote sensing technology and spectroscopy [1]–[3], allowing for the synchronous acquisition of both images and spectra of objects. Hyperspectral images contain a wealth of geo- and radiometric information as well as abundance spectral information for narrow spectral bands (typically about $10^{-2}\lambda$) from the ultraviolet and visible to shortwave infrared for each pixel. Hyperspectral remote sensing (HRS) has greatly improved our ability to qualitatively and quantitatively sense the Earth and outer space and has therefore attracted growing interest from researchers worldwide. HRS has been used successfully in various applications including agriculture, forestry monitoring, food security, natural resources surveying, vegetation observation, and geological mapping.

Hyperspectral data are obtained from ground, airborne, or spaceborne measurements, such as by the Airborne Visible/Infrared Imaging Spectrometer (AVIRIS) and the EO-1 Hyperion (both launched by NASA). They generally consist of tens to hundreds of contiguous spectral bands with narrow bandwidths of typically about $10^{-2}\lambda$. The special characteristics of hyperspectral datasets make HRS of the Earth and outer space an appealing but challenging prospect. Much pioneering work in the HRS community has focused on developing new algorithms, models, and tools for data processing. These techniques greatly facilitate the understanding and quantitative analysis of HRS and have been employed in various applications, such as target detection [4], precise classification [5], and quantitative retrieval [6].

China, as one of the pioneers in HRS technology development, has made great achievements since the 1980s. To meet the increasing demand for fast and precise surveying and mapping of natural resources on a large scale, many outstanding hyperspectral sensors have been designed and launched in China (particularly on aircraft) with the support of various national major projects. Some of them, such as the Modular Airborne Imaging Spectrometer (MAIS), the Pushbroom Hyperspectral Imager (PHI), and the Operational Modular Imaging Spectrometer (OMIS-I and OMIS-II), played important roles in cooperative projects between China and the USA, France, Australia, Japan, and Malaysia during the 1990s. As a result, these sensors are well known worldwide and opened opportunities for high-tech international cooperation in this field in China. The development and improvement of the MAIS, in particular, has been reported internationally, including in the "Chevron Hyperspectral Brochure and White Paper" (http://www-old.cstars.uc-davis.edu/projects/chevronwhitepaper/). To make use of these excellent hyperspectral instruments, a number of advanced techniques and software for hyperspectral imaging processing have also been developed in China and have aided national goals such as resource exploration.

Manuscript received August 29, 2012; revised November 20, 2012 and May 05, 2013; accepted June 02, 2013. Date of publication July 22, 2013; date of current version December 18, 2013. This work was supported by the National Natural Science Foundation of China (Grant 41072248 and Grant 41101328) and the National High Technology Research and Development Program of China (863 Program) under Grant 2012AA12A301. *(Corresponding author: L. Zhang.)*

Q. Tong and L. Zhang are with the Institute of Remote Sensing and Digital Earth, Chinese Academy of Sciences, Beijing 100101, China (e-mail: tqxi@263.net; zhanglf@irsa.ac.cn).

Y. Xue is with the Shanghai Institute of Technical Physics, Chinese Academy of Sciences, Shanghai 200083, China (e-mail: xueyongqi_cas@126.com).

Color versions of one or more of the figures in this paper are available online at http://ieeexplore.ieee.org.

Digital Object Identifier 10.1109/JSTARS.2013.2267204

童庆禧等撰写的中国高光谱遥感发展30年综述文章

第六章　星群织梦　启航未来

"乘风好去，长空万里，直下看山河"

　　20世纪90年代末，童庆禧敏锐地发现遥感小卫星的发展潜力，满腔热情地开展了我国遥感小卫星及星座研究。他作为国家遥感中心专家委员会主任和二十一世纪空间技术应用股份有限公司小卫星首席科学家，参与中英合作的"高性能对地观测小卫星"系统研制工作，支持研制并发射、运行了北京系列小卫星星座，大力促进了中国小卫星系统及其产业化、商业化的繁荣发展，并致力于把我国小卫星遥感科技和应用新成果推向国际舞台。

筹划发展中国的小卫星

国际航天界一般将发射重量在 1 000 千克以下的卫星称为小卫星（也可称微小卫星），通常情况下，小卫星重量在几十到几百千克。与载荷综合能力强、成本高昂的大型卫星相比，小卫星具有重量轻、体积小、成本低、响应时间短、发射方式灵活、技术扩展性强等特点，适合用于技术试验、科学试验和商业化运营，这是发展小卫星计划的强大生命力，并能够与大卫星协同构建全方位、多层次的对地观测体系。

小卫星任务的实现途径有多种：一种途径是聚焦单一任务，利用现有技术构建专用于遥感的小卫星系统；另一种途径是充分利用新技术实现工程元器件的小型化，利用传感器和设备的微型技术实现对地观测小卫星的高性能。20 世纪 80 年代中期，联合国外空署就十分重视小卫星的发展，把它看成是有可能吸引更多的国家参加到空间活动的重大举措；同时，低成本又好用的小卫星技术开始受到越来越多国家的重视。20 世纪 90 年代以来，许多国家相继制定了发展小卫星的计划，一系列新型现代小型、甚至微型卫星逐渐进入了人们的视线，小卫星对地观测成为世界各国竞相发展的重要空间基础设施。

1998 年童庆禧受国家科委（当年改名为科学技术部）委派作为中国三人代表团成员之一（另外两人为外交部黄惠康和航天部程永曾），参加了联合国第三届探索及和平利用外层空间会议的一系列筹备会议，其中在奥地利格拉茨（Graz）召开的第二次会议上，与英国马丁·斯温廷教授（Martin，英国皇家科学院院士）的交流促使他开始思考在我国发展小卫星的途径问题。1998 年 5 月，在马来西亚首都吉隆坡召开的亚太地区筹备会，更进一步就小卫星发展的相关问题组织了专题会议进行研讨，童庆禧和巴基斯坦空间组织资深权威马哈茂德主持了这次讨论会。这一系列活动坚定了他想发展小卫星的信念，回国后即向国家科委国家遥感中心递交了关于发展小卫星促进我国对地观测发展的报告。在他的倡导下，经国家科技攻关和科技部 863 高技术计划和北京市立项，国家遥感中心与英国合作的"高性能对地观测小卫星"系统研制提到了国家"十五"计划的日程。

童庆禧参加英国空间局在英议会大厦举行的小卫星发展讨论会

2002年5月，科技部批准成立了以童庆禧为首的"高性能对地观测小卫星技术与应用研究"项目专家委员会。从此童庆禧一直参与和指导小卫星技术和应用系统的研制，并且在中国成功实践了由政府支持、企业运行、商业服务的民用航天产业化发展的全新机制，为遥感卫星商业化运作探索了一条成熟的运作模式，开启了我国遥感卫星商业化运营的新篇章。

童庆禧在英国国际减灾小卫星星座协调研讨会上

"北京一号"小卫星成功发射

童庆禧领衔在国家科委提出并获立项了我国小卫星研究课题，作为首席科学家，主持了"高性能对地观测小卫星"系统的中英合作研制。2003年7月，与英国萨里卫星技术有限公司正式签订小卫星研制及发射合约，卫星名字为"北京一号"，并由科技部国家遥感中心组织将第一颗小卫星交付给由北京市、国土资源部、国家测绘局等出资注册的"宇视蓝图"小卫星公司具体实施，由北京市二十一世纪空间技术发展有限公司提供服务保障，这标志着"北京一号"小卫星研制工作正式启动。

童庆禧就小卫星合作事项访问英国萨里大学宇航中心（左六为英国皇家科学院马丁院士）

这颗仅有166千克、承载着对中国商业化卫星遥感事业热切期盼的"北京一号"小卫星，于2005年10月27日在俄罗斯成功发射。

童庆禧参加"北京一号"小卫星发射仪式

"北京一号"遥感小卫星系统具有中高分辨率双传感器、高精度、宽覆盖、短重访周期、灵活控制、高效数据服务等特点，它的成功发射缓解了我国在对地观测领域对遥感数据的急迫需求，至此中国第一个由企业运营、管理并开展数据销售和信息服务的卫星系统正式诞生，成为技术引进消化吸收再创新，特别是卫星遥感领域体制和机制创新的践行者。2006年3月，"十五"国家科技攻关计划"高性能对地观测微小卫星技术与应用研究"项目完成现场验收测试；4月，通过北京市科委组织的课题验收；5月，通过科技部组织的项目验收，圆满完成小卫星研制和系统建设任务。"高性能对地观测微小卫星技术与应用研究"不但产出了我国第一颗遥感小卫星——"北京一号"，还为中国发展小卫星培养了大批人才，该项目可以称得上是作为中国小卫星科技发展的摇篮项目。

"高性能对地观测微小卫星技术与应用研究"项目通过国家"十五"科技攻关项目验收

　　卫星发射后，童庆禧对小卫星在轨性能挖掘与运行控制优化、小卫星遥感影像数据专用处理等方面提供了持续的技术指导，并积极支持企业运行机制，推动"北京一号"小卫星在重大项目和重点领域中的遥感应用。2006年5月，在国家遥感中心的组织下，"北京一号"小卫星开始为国务院办公厅电子政务办公室提供遥感信息服务；6月，正式运行发布会在京举行，开始公开向国内外提供数据产品和服务；10月，首部影像图集《宇视大地》在发射成功一周年之际正式发布。

"北京一号"小卫星发射成功一周年暨首部影像图集《宇视大地》发布

　　童庆禧充分利用了国内外航天及遥感领域的先进技术资源，与拥有世界尖端小卫星技术的英国萨里卫星技术有限公司合作，建立了良好的民用航天技术的国际合作渠道。他带领的中方技术团队全程参加了研制工作，积累了丰富的技术创新和国际合作经验，成功获得多项自主知识产权的创新成果，实现了对在轨运行遥感卫星性能的大幅度提升。通过大容量星上记录仪的开发和数据选择性下载技术，与同类卫星相比，有效数据获取率提高2倍以上，极大地提高了"北京一号"的全球数据获取能力。同时，他在"北京一号"小卫星项目上大力推行了以企业为主体的体制和机制创新，探索了在我国由政府支持、企业运行、商业服务的民用航天产业化发展的道路，支持建立了我国首家市场化的遥感卫星运行管理、技术研发、产品生产、应用服务为一体的公司，建成集约化、低成本、高效率的我国目前唯一没有国家运行经费支持而业务化运行的遥感卫星运行服务系统，形成了与国际民用航天遥感市场接轨的商业化运营服务模式。

　　高分辨率卫星全国镶嵌图是国家基础地理信息建设的重要组成部分，是显示国家对地观测水平和数据更新实力的重要指标。自20世纪80年代利用多光谱扫描系统（multispectral scanner system, MSS）影像完成全国镶嵌图后，鉴于数据的限制，我国一直未能在30 m分辨率数量级上对全国影像进行更新。"北京一号"小卫星影像的第一幅全国镶嵌图由中国科学院遥感应用研究所直接承担，仅利用"北京一号"小卫星升空后半年多累积的32 m分辨率多光谱数据（2005年11月—2006年8月）、花费2个月的时间就制作完毕。《北京一号小卫星影像全国镶嵌图》的迅速研制完成，显示了"北京一号"小卫星多光谱覆盖和短重访周期的特点，也体现了对卫星自主控制和根据天气灵活接收的优势。

"北京一号"小卫星发射成功二周年纪念会

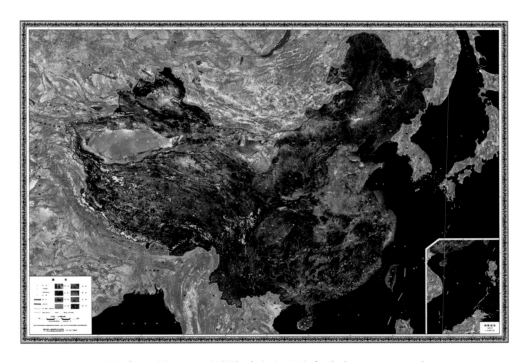

"北京一号"小卫星影像首张全国镶嵌图（2005—2006）

　　这颗在我国甚至全世界第一个以一个城市命名的对地观测业务小卫星，在数据获取的完全自主性和高效率企业运行模式上已得到国内外的高度认同。卫星数据已在国家土地资源调查、重大自然灾害监测、国土环境宏观调查、沙漠化监测、北京及周边地区地表水资源监测，特别是对北京市在农业资源调查、城市用地监管以及遥感统计业务化的空间信息支持方面迈出了实质性的步伐，实现了历史性的突破，在国内外产生了很大的影响。2008年5月，"北京一号"小卫星启动汶川特大地震区域遥感监测，开始全力持续为国家有关部门提供历史和现时遥感数据和信息服务，为抗灾救灾提供了重要的信息支持，被授予"抗震救灾测绘保障"荣誉称号；2008年6月，又启动北京奥运会奥帆赛区青岛海域浒苔灾害区域的密集动态监测，成为浒苔监测的主要数据源之一，团队被授予"科技奥运先进集体"荣誉称号；2008年12月，"北京一号高性能小卫星天地一体化系统"顺利通过国防科工局组织的成果鉴定。在北京市政府支持和市科委的组织下，"北京一号"小卫星在北京市11个委办局和相关区县深入开展了遥感业务化应用，取得了显著成果。协助北京市在创新政府公共事务管理方面取得全国领先优势，得到国家主管部门的充分肯定。

2007年北京市主建成区监测——"北京一号"小卫星假彩色合成

2008年5月14日至6月4日"北京一号"小卫星获取的汶川地震灾区现时影像

作为全球首个由多国共建的遥感小卫星灾害监测星座（DMC）和联合国防灾宪章的成员，"北京一号"小卫星积极为国际防灾减灾提供遥感信息服务，并在我国首次实现连续三年向美、英、法、德等43个国家提供境外遥感数据的商业化服务，应用于农业和环境、灾害监测等领域。"北京一号"在卫星遥感商业化方面所取得的成就，也受到英国政府的高度肯定，被誉为"中英创新科技工程合作并使其成果成功商业化的典范"。鉴于童庆禧在小卫星对地观测中的出色成就，他还被聘为英国萨里大学宇航技术中心客座教授。

总之，"北京一号"小卫星的成功发射，顺应了卫星技术发展的历史潮流，在研制过程中很好地将高空间分辨率全色影像与宽覆盖的中分辨率多光谱影像结合起来。在它发射之初的一段时间内曾雄居国内前列，其4米分辨率全色数据在运行的头两年一直是国内民用卫星分辨率之最；600公里的超宽覆盖多光谱数据也一度在国内领先了两年，开创了对我国960多万平方公里陆地和近300万平方公里海疆每半年一次无云数据覆盖的先例，即使在国外除了它的DMC姊妹星外，也属于佼佼者，并鲜有出其右者。童庆禧认为以"好、快、省"为特征的小卫星星座式发展和运行模式成为卫星发展的一个重要而有效的方向，"北京一号"小卫星参与组成的国际灾害监测小卫星星座（DMC）在环境和灾害监测的成功应用，证实了星座体系的优越性。

支持更多的下一代商业小卫星及星座发展

2010年童庆禧为《"北京一号"小卫星数据处理技术及应用》一书做序，他表示："我对科技部在科技攻关和863计划对"北京一号"小卫星研制和发射运行给予的支持，特别是卫星发射运行以来，通过国家科技支撑项目又对小卫星数据的处理、定标、融合、同化以及综合监测与应用方面给予了持续的支持，这充分体现了国家在高度重视这一新兴技术发展中所表现的坚定性和前瞻性。作为一个小卫星发展的积极促进者、推崇者和参与者，我理所当然地倍感欣慰，对此，我更有理由相信我国对地观测小卫星的黄金时期的到来也一定为时不远"。

2011年童庆禧访问英国萨利大学宇航中心

　　在"北京一号"小卫星成功发射与运营基础上，童庆禧又与小卫星运营企业及其科研团队提出并进一步通过国际合作，积极支持下一代商业化小卫星的发展。2011年7月，他随小卫星合作小组赴英参加中英两国总理见证签约项目，与英国萨里卫星技术有限公司就合作发展下一代高性能、高分辨率小卫星签约。

　　2015年成功建成了"北京二号"高分辨率小卫星星座，该星座系统包括3颗0.8米全色、3.2米多光谱分辨率的光学遥感卫星以及自主研建的地面系统，具有高空间分辨率、高时间分辨率和高辐射分辨率特点，技术能力达到国际先进水平，能够实现全球任意地点1天到2天观测任务重访，可面向全球提供高空间和高时间分辨率的卫星遥感大数据产品和空间信息综合应用服务，可为政府科学治理、资源与环境监测、国家安全和"数字中国"建设等国计民生领域以及国家重大需求提供空间信息综合应用服务和解决方案。

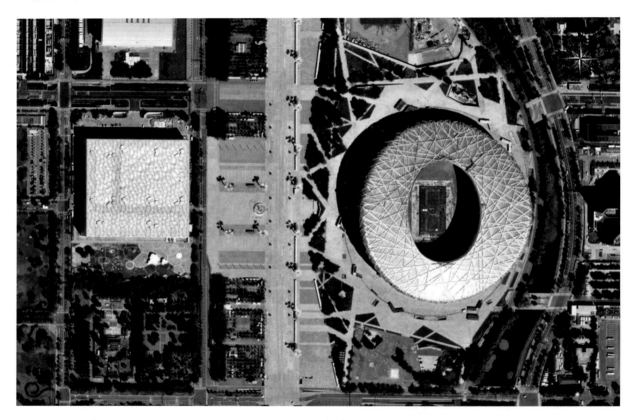

"北京三号"B星——南宁一号卫星传回首批高清影像（2022年，"水立方"与"鸟巢"）

　　随后，童庆禧又参与指导建成了"北京三号"高分辨率小卫星星座及与之相适应的接收、处理、分发和服务系统，"北京三号"由A+B两颗卫星组成，其特点是超高分辨率、超高精度和超高敏捷度。从"北京一号"到"北京三号"，其分辨率和性能不断提高，"北京三号"空间分辨率已经发展到了0.3米，超高敏捷度可使卫星对地观测的足迹作曲线机动，这对河流、道路、海岸等非直线目标的数据获取十分有利。

北京系列遥感小卫星及其星座
（第一行从左至右分别为："北京一号"卫星、"北京二号"星座；第二行："北京三号"星座）

第二十二届中国遥感大会上童庆禧代表中国遥感委员会
向常州市赠予"北京三号"卫星常州市中心区影像图

　　童庆禧认为，北京系列遥感小卫星的发展，开创了我国遥感卫星的商业化管理、运营的全新应用服务模式，有力地促进了我国遥感卫星商业化和产业化的跨越式发展，促进小卫星成为国家遥感系统的重要补充和组成部分，为我国遥感应用拓宽了空间。

童庆禧在太原发射中心庆祝"北京三号"卫星发射成功

2024年4月24日童庆禧与兵团党委常委、副司令员哈增友共同为北京系列遥感卫星
西北地面接收站揭牌后全体人员留影

童庆禧出席"北京三号"B星——南宁一号卫星数据接收暨西南卫星地面站启动仪式

除了发展较早的北京系列遥感小卫星，童庆禧还十分关心陆续蓬勃发展的我国其他小卫星及星座情况。2022年中国老科协开展了"我们这十年"主题征文活动，包括欧阳自远、刘嘉麒、郭曰方、童庆禧四位院士专家也应邀撰稿，童庆禧在写作的《我国遥感蓬勃发展的十年》中非常兴奋地讲到："这十年我国民营遥感卫星已成为国家系统的重要补充"。其中，他提到长光卫星技术有限公司自行研制的商用遥感卫星"吉林一号"卫星及"吉林"系列遥感卫星星座；由中国航天科技集团公司五院航天东方红卫星有限公司研制、中国四维测绘技术有限公司运营的"高景一号"卫星，以及"高景"系列遥感卫星星座；珠海首家上市民营遥感卫星公司"欧比特宇航科技股份有限公司"建设并组网运营的"欧比特"高光谱微小卫星星座；厦门大学运营的合成孔径成像雷达小卫星、武汉大学运营的微光夜视卫星等。童庆禧认为，随着科技的进步，特别是卫星制造水平的提高，卫星技术神秘感被打破，不少企业、高校和地方也参与到卫星制造、运营管理和应用方面来，目前已经呈现了一个民用遥感小卫星与国家遥感系统互补和群星璀璨的局面。童庆禧在"2023年眉山卫星应用产业发展大会"上指出："卫星大有大的好处，小也有小的好处，眉山通过发射小型卫星组成'星座'，弥补了其覆盖面不足的缺陷，当前要做的就是把它用好、发挥价值。"

童庆禧在2023年《中国遥感技术和产业化发展现状与提升思路》一文中，对中国遥感技术和产业化的未来发展方向归纳了五个方面：

一是大、小、微卫星同时并举，充分发挥各自的优势；

二是多种卫星同步协调发展，既要重视光学卫星，也要加强雷达卫星、高光谱卫星、红外卫星、激光卫星等的发展；

三是继续提升卫星研制技术水平，提高星体的寿命和敏捷性；

四是发展星座和星群，提高全球观测能力，期望实现国际摄影测量和遥感学会（ISPRS）提出每日一次获取全球高分辨率遥感数据的愿景；

五是继续鼓励支持企业在发展卫星对地观测事业中的主动性和创新性，发挥民营企业的活力，进一步形成以国家卫星为主体，民营商业性卫星为补充的航天卫星观测大格局。

这五个方面都与童庆禧力推的中国小卫星发展战略有着紧密关系，说明他对中国小卫星发展有着极大的期许和信心。

童庆禧出席2023年眉山卫星应用产业发展大会

逸闻趣事——考察小卫星在国外机场打地铺过夜的院士兄弟

2003年在中英小卫星合作协议签订后，中方派出了代表团赴英就技术细节进行讨论和考察（见106页下图），童庆禧和薛永祺二位院士既是"北京一号"小卫星专家组成员也是这次考察组的成员。在美国仅于1999年才刚突破卫星1米空间分辨率情况下，4米空间分辨率光学相机不仅在国内甚至国际上当时也属于比较先进的遥感系统。因此4米全色光学相机是"北京一号"小卫星载荷的重中之重。在得知萨里宇航中心准备将原由英国卢瑟福国家实验室研制的4米分辨率光学相机交由一家名为塞拉（SIRA）的小公司承担时（这家公司后来被萨里卫星公司收购），童庆禧和薛永祺很不放心，遂决定比代表团推迟一天回国，亲赴塞拉公司考察摸清情况。

就在代表团其他人员回国的当天，中国驻英使馆科技秘书开车载他们去位于伦敦郊区的塞拉公司考察。由于公司上下的热情接待和认真配合，考察收获颇丰。原来这家公司早几年前就为欧盟研制了一颗微小型高光谱卫星（CHRIS），是完全有能力完成相机研制的。有鉴于此，童庆禧又把握了时机与这颗高光谱小卫星研制的首席专家相谈甚欢，还受邀担任了这颗小型高光谱卫星应用研究的主要科学家（PI）。后来这一角色转由中国科学院遥感所张霞研究员承担，她也为此在森林树种识别和林相研究等方面做出了很好的成果。此外童庆禧和薛永祺还对公司将普通民用商业元器件用于航天的筛选机制做了详细的考察了解，而这正是微小卫星能降低技术门槛和价格的关键所在。

在代表团其他成员回国的第二天，童庆禧和薛永祺拿着改签的机票兴致盎然的由使馆科技秘书送至伦敦希思罗机场。航班起飞时间是下午1点多，可二人一直等到下午3点也没见登机的通知，5点、7点仍未见动静，只见候机大厅的人越来越多。就这样一直耗到晚上11点，这时才知道欧洲空管系统计算机故障，所有欧洲当天的航班全部停飞。意识到事态的严重性，童庆禧和薛永祺想订个酒店暂住一晚。谁知，由于伦敦2个大型国际机场成千上万旅客的滞留，几乎所有的酒店都客满。又时至深夜，更不便往使馆打电话，万般无奈，看到许多英国绅士和女士们以及其他旅客也都席地而卧，横七竖八躺满了一地。童庆禧和薛永祺这两位年近古稀的老人也顾不得许多，只能找个稍微宽松的地方，地板当床，行李当枕就地躺下。第二天一早，机场候机大厅的人群又开始熙熙攘攘地忙于查看航班信息。还好，欧洲空管系统已恢复正常工作，上午9点多钟童庆禧和薛永祺拖着疲惫的身躯终于登上了回国的飞机，这也算是在小卫星发展中的一段小插曲。

童庆禧与薛永祺在"北京一号"小卫星缩比模型前合影

2011年童庆禧和北京二十一世纪空间技术应用公司领导向英国当地议员赠送并讲解新编的
"北京一号"小卫星对地观测影像图集

第七章　数字乾坤　智绘中华

"横看成岭侧成峰，远近高低各不同"

　　童庆禧作为数字中国研究的践行者，是国内最早倡议并大力推动"数字地球""数字中国"研究和"数字福建""数字北京""数字珠三角"实践的科学家之一。童庆禧认为，"数字中国"是一项重大的空间信息基础工程，是国家信息化重要构成部分与基础支撑，而遥感是地球大数据的重要数据源，"数字中国"建设需要遥感技术的支持。童庆禧在担任北京大学遥感与地理信息系统研究所所长期间，2004年率先创立北京大学"数字中国研究院"，开启了数字中国理论研究、学术交流和人才培养的先河。20年来，他领导研究院并与全国其他相关优势机构协同开展"数字（智慧）中国"有关的科学研究、技术开发、人才培养、成果转化与服务，致力于推动实现"数字中国"从科学到行动、从探索实践到国家战略的伟大转变，并坚持不懈推动数字经济发展。

践行探索数字中国研究

童庆禧是数字中国研究的践行者和积极探索者。1998年，美国副总统戈尔第一次提出"数字地球"的概念。1999年，中国科学院主办、十九个部委和机构协办的第一届数字地球国际会议，国务院副总理李岚清在会上致词，来自25个国家的400多名参会代表共同发布《数字地球北京宣言》，提出推进"数字地球"建设的倡议。2000年，时任福建省省长习近平率先在福建启动了"数字福建"的建设。这时童庆禧作为"数字福建"建设的顾问委员会成员，参与了相关工作。之后，以中国科学院地学部、北京大学等教学科研机构为代表的地球、地理、测绘界的学者们迅速响应，提出了"数字中国"的概念。在童庆禧支持和推动下，2002年北京大学启动召开"数字北京与数字奥运"高层论坛，"数字北京""数字奥运"保障了北京2008年第29届奥林匹克运动会的成功举办，进一步丰富了"数字中国"的科技人文内涵。

童庆禧出席"数字北京与数字奥运"高层论坛

2007年，科技部组织召开香山科学会议第303次学术讨论会，童庆禧、邵立勤、曾澜担任会议联合主席。这次会议给出了"数字中国"的科学定义，即实体中国在虚拟环境下的真实再现，是以整个中国为对象，以地理空间坐标为基准，以空间信息技术为主要手段，通过集成和整合各类数据、信息、知识所构建的虚拟三维数字化资源平台和信息资源开发利用环境。

同时，香山科学会议第303次学术讨论会提出了"数字中国"从科学到行动的发展战略。"数字中国"是中国信息化的一个重要组成部分，中国作为一个空间技术大国，"数字中国"的研究与建设，不仅将成为科学技术发展的制高点和影响经济社会发展的重要科学技术因素之一，而且还将在以空间信息为主体的国家信息化和促进空间信息为经济社会发展服务方面大有作为。童庆禧在2007年科学新闻杂志专访中关于"发展数字中国建设空间信息强国"的发言，已在"数字中国"的快速发展进程中得到充分印证。

童庆禧出席香山科学会议第303次学术讨论会并担任会议联合主席

　　香山会议之后，童庆禧致力于创建数字中国协同创新平台，与相关机构和专家共同推动"数字中国"研究与工程实践。2018年，国务院网信办与福建省政府组织，在福州启动召开年度"数字中国"高峰论坛。2020年，党的十九届五中全会将加快"数字中国"建设列入"十四五"规划和2035年远景目标中。2022年，党的二十大报告中明确做出"加快建设数字中国"的部署安排。2023年，国家数据局成立，负责统筹推进数字中国、数字经济、数字社会规划和建设。至此，数字中国完成了从科学探索到国家战略的蝶变。

　　在此过程中，童庆禧深知空间技术特别是航天遥感在推动数字中国建设中的关键作用，为此，他从遥感出发，综合遥感、地理信息系统、卫星导航等空间信息技术并丰富数字中国的内涵，倾注大量心血，不断为这一领域的发展谋篇布局，提出宝贵建议，为推动国家数字化进程贡献了智慧和

童庆禧在2018年第二十一届中国遥感大会上发言（大会主题：遥感与数字中国）

力量。童庆禧认为，电子政务、数字经济和智慧社会是数字中国最基本的要素，其中智慧社会最核心的就是智慧城市。在第二十一届中国遥感大会上，他表示"我国正在推动的数字中国、智慧城市建设，正需要遥感信息、地理空间信息等的有力支撑"。童庆禧2020年接受采访时表示，坚信"千眼星群可以点亮数字中国"。随着遥感及地理信息产业的不断发展，为了更好地支撑数字中国战略发展，童庆禧在2023年审时度势地提出"为实现真正的遥感GIS技术一体化而努力"。童庆禧在2023年中国数字建筑峰会做主题演讲时强调"智慧城市是城市发展的最高阶段，现代遥感技术是智慧城市建设的重要组成部分"。童庆禧对航天遥感等空间信息技术驱动数字中国方面的不断探索，并为数字中国研究及战略发展做出了重大贡献。

童庆禧2020年接受英大金融杂志采访报道《千眼星群点亮数字中国》及文中肖像画

童庆禧在2023地理信息软件技术大会提出"为实现真正的遥感GIS技术一体化而努力"

童庆禧在2023中国数字建设峰会上做"让遥感更好服务于智慧城市"的主题报告

创建首个数字中国研究机构

童庆禧2001年担任北京大学遥感与地理信息系统研究所所长，随即着手在北京大学推动创建数字中国协同创新平台与人才培养基地。

童庆禧在北京大学遥感所35周年纪念会上致辞

童庆禧在北京大学遥感楼顶与北大遥感所的同事们合影

2004年2月17日，北京大学校长办公会研究决定，在国家有关部委支持下，成立跨院系科研、教学机构"数字中国研究院"（Institute of Digital China，IDC），依托地球与空间科学学院，童庆禧担任北京大学数字中国研究院院长，陈运泰院士担任学术委员会主任。2004年12月18日，北京大学数字中国研究院成立大会在百周年纪念讲堂召开，特邀徐冠华院士担任名誉院长、陈述彭院士担任学术委员会名誉主任。

2004年12月18日童庆禧主持北京大学数字中国研究院成立大会

北京大学数字中国研究院成立大会在百周年纪念讲堂召开

　　童庆禧组织制定北京大学数字中国研究院发展规划，落实组织管理机制。研究院设立理事会和学术委员会，实行理事会领导下的院长负责制。时任国务院信息化工作办公室副主任（后担任工业和信息化部副部长）杨学山教授应邀担任理事长，副理事长和理事分别来自全国人大常委会环境与资源委员会、国家发展和改革委员会、国防科学技术工业委员会（现国防科工局）、教育部、科学技术部、信息产业部、人事部、国土资源部、建设部、水利部、中国科学院、原国家测绘局、国家新闻出版总署等部门和有关地方政府、国际组织、企业的领导。

北京大学数字中国研究院第一届理事会第一次会议合影

在理事会领导和学术委员会指导下，童庆禧院长组织校内各个共建院系和校外合作机构，秉承北京大学"民主科学"精神和"求实创新"学风，大力推进研究院各项事业稳步快速发展。为争取政产学研优势力量协同开展"数字中国"探索创新与工程实践，北京大学数字中国研究院与相关机构先后共建政策与战略研究中心、空间数据研究中心、智慧城市研究中心、数字流域研究中心、信息社会治理创新研究中心、数字减灾与应急管理研究中心、数字家庭与智慧健康研究中心、华南分院（广东省数字广东研究院）等研究机构，充分发挥文、理、工、管多学科联合的优势，面向"数字中国"发展与工程实施的需要，推动地球科学与空间技术、信息技术等高科技的融合，促进相关学科、技术、产业的发展和资源整合共享，协同创建"数字中国"战略研究基地、关键技术研发基地和高级人才培养基地，以及成果转化平台和跨学科跨领域学术交流平台，推动"数字中国"建设和北京大学"创建世界一流大学"工程的实施。

童庆禧出席北京大学数字中国研究院产业研究中心成果展览会

童庆禧与香港大学原校长郑耀宗院士及京粤相关领导专家
交流北京大学数字中国研究院华南分院发展

童庆禧出席在粤、港、澳、台举办的两岸四地卫星应用学术与产业高层研讨会

推进数字中国建设

童庆禧领导组织开展了以数字中国高层论坛暨信息主管峰会、数字中国宣讲与咨询服务团、《数字中国发展报告》（即"白皮书"）、《数字中国》丛书、"5·12"灾后智力援建计划数字城市与智慧城市示范工程等重大任务等数字中国建设领域的系列重要工作，同时，他还积极与国内外数字中国相关重要机构及同行合作，在"3S"融合发展、智慧城市、数字经济等多方面努力推进数字中国建设。

自2005年起，北京大学数字中国研究院与国际数字地球学会（中国国家委员会）、中国遥感委员会等机构联合举办年度"数字中国发展高层论坛暨信息主管峰会"（DCDF），使研究院成为国内外数字地球（中国）理论、技术、人才和信息交流的平台以及资源共享平台。与相关机构合作，在国家信息化工作主管部门和人事部门的指导下，组成"'数字中国'宣讲与咨询服务团""智慧中国梦全国巡讲团"，面向全国各省、市，各行业系统、科研院所、高校，开展"数字（智慧）中国"技术与应用知识宣讲，展示数字化、信息化应用典型案例和新成果、新技术，并提供咨询服务。

童庆禧组织在深圳举办2005第二届数字中国发展高层论坛暨信息主管峰会

童庆禧在北京大学组织召开2005第四届国际空间数据质量大会

童庆禧在深圳出席2007第三届中国国际数字城市建设技术研讨暨博览会

　　童庆禧组织、指导北京大学数字中国研究院政策与战略研究中心，于2006年启动编辑发布年度《"数字中国"发展报告》（白皮书），通过全面、广泛、深入地跟踪研究，及时反映"数字（智慧）中国"发展现状、技术进展、学术动态、成果应用、示范案例、创新思想等。为满足"数字中国"战略发展与工程实施的需要，推动传统地球科学与现代空间技术、信息技术等高科技的有效融合，北京大学数字中国研究院和电子工业出版社于2006年共同启动出版"数字中国丛书"。该丛书由徐冠华院士、许智宏院士和陈述彭院士担任名誉主编，童庆禧、陈运泰院士担任执行主编，陈述彭院士作序。

由童庆禧、陈运泰院士主编的《数字中国丛书》已出版的部分专著

2008年"5·12"四川汶川特大地震后，为加快推动什邡市、德阳市灾后重建和经济社会发展，北京大学数字中国研究院、清华大学土木水利学院、北京师范大学教育部民政部减灾与应急管理研究院、北京邮电大学电子信息工程学院、北京工业大学软件学院等北京市高校相关学院组建了"北京市智力援建高校学院联合体"（BUCA），童庆禧担任联合体理事长，组织联合体与什邡市人民政府共同实施"什邡市灾后重建空间信息综合服务系统与人才工程建设"（简称"浴生计划"）。该计划包括创新型高等教育机制建设与多层次人才培养（德阳京元空间信息专修学院）、"数字（智慧）城镇"框架与典型应用系统研究开发（数字中国网·智慧城市）、高新技术成果转化与产业孵化服务平台建设（什邡京元科技园）三大专题，分别设立若干项目，2008～2020年期间分三个阶段组织实施。

童庆禧率BUCA工作组与什邡市市委书记李成金、市长李卓等商讨智力援建方案

童庆禧始终心系国家数字化进程，并以满腔热情支持着全国范围内的数字中国建设工作。作为数字中国研究院（福建）专家委员会委员，童庆禧参与了数字中国研究院（福建）工作，参加了数字中国建设峰会的系列年度会议，以及全国范围的数字中国相关各项学术交流、机构建设和工程实践咨询等活动。

童庆禧出席2018年首届数字中国建设峰会

童庆禧出席2019年第二届数字中国建设峰会

童庆禧出席2022年第五届数字中国建设峰会及"院士峰会行"活动

童庆禧出席2023年第六届数字中国建设峰会及"院士峰会行"活动

童庆禧出席2019年数字中国研究院（福建）专家委员会第一次全体会议

童庆禧出席2023年数字中国研究院（福建）专家委员会第五次全体会议

童庆禧出席2024年数字中国研究院（福建）专家委员会第六次全体会议

童庆禧在2018年大数据空间信息应用博览会高峰论坛
做"数字中国、智慧城市与遥感大数据应用"主题报告

童庆禧出席2023年数字中国峰会基于数字孪生的城市规划建设管理新模式交流会

探索数字经济发展

当今，数字经济已成为推动我国未来经济增长的强劲动力。作为"数字中国"研究倡导者和"数字福建""数字北京"等数字化工程建设的亲历者，童庆禧对数字化发展新图景有着更为深切的期待，并对数字经济学科建设与人才培养给予特别的关注，不遗余力探索，推进数字经济发展的蓝图一步步变为现实。

2018年，童庆禧等在《经济导刊》10月号发表文章"数字经济时代的观察与展望"，给出"数字经济"的定义，探讨数字经济时代到来的技术路径演进，对数字经济核心功能板块浅析及未来展望。

童庆禧等在《经济导刊》发表的文章"数字经济时代的观察与展望"

童庆禧认为，遥感及地理信息产业在与其他领域和技术的融合方面拥有巨大的潜力与空间，不断催生出新服务、新业态，为经济社会发展提供新动能。童庆禧在河北廊坊举办的2018数字经济大会"数字经济·遥感中国"分论坛上，作了题为"遥感大数据助力数字中国建设"的主旨演讲。他表示，我国已是遥感大国，我们要把遥感工作做好，来支撑数字中国的建设。随着我国经济社会的发展，特别是国家在遥感和空间信息技术一系列重大项目的实施，以及民用空间基础设施建设的推进，遥感大数据必将得到更大的发展。

童庆禧2018数字经济大会上作"遥感大数据助力数字中国建设"主旨发言

2020年浙江德清举办的"第41届亚洲遥感会议"上，童庆禧指出："遥感及地理信息产业在与其他领域和技术的融合方面拥有巨大潜力与空间，不断催生出新服务、新业态，为经济社会发展提供了新动能"，并鼓励"要抓住遥感及地信产业在数字中国建设推进中的新机遇，不断激发创新活力，才能在数字经济发展中实现更好更快的发展。"在《财经》2022年会上做"航天对地观测是国之重器"的主题发言，他指出"遥感技术是数字经济发展的支撑技术"。在2023年"第六届数字中国建设峰会"上，童庆禧进一步强调"以数字技术赋能传统产业转型升级，是数字经济的核心部分。"

童庆禧在《财经》2022年年会上发言

　　粤港澳大湾区成为我国数字经济最活跃城市群，北京大学数字中国研究院一经成立，童庆禧领导北京大学数字中国研究院，精心协同谋划，推动创建京、粤协同创新机制和平台，布局打造以成果转化模式与产业机制创新为核心的珠三角"东部产业创新示范区"。2021年4月22日，中国首届人工智能与数字经济融合大会在广州塔开幕，童庆禧就人工智能和数字技术主题参与高端对话；他表示，重视人工智能和数字技术发展的同时，也应警惕一着急就让裁判员去当运动员。

童庆禧与周其凤校长出席北京大学数字中国研究院华南分院"数字广东"联展

童庆禧出席2020年粤港澳大湾区数字经济与科技产业峰会

童庆禧出席2021年中国（广州）人工智能与数字经济融合大会

2021年4月24日，在出席第四届数字中国建设峰会"有福之州·对话未来"系列活动中的"院士峰会行"沙龙时，童庆禧指出，企业数字化转型是数字经济发展过程中最重要的问题，传统产业要加快数字化转型，赋能企业发展，催生新的经济业态，促进数字经济发展。建设数字经济人才高地，要不拘一格降人才，切切实实让人才成长，让他们能够发挥聪明才智。

童庆禧出席2021年第四届数字中国建设峰会"院士峰会行"沙龙

2023数字经济阳澄湖峰会暨昆山先进计算产业创新集群建设大会上，童庆禧代表与会院士专家寄语昆山，希望昆山以更高站位、更宽视野，整合和集聚长三角、珠三角、京津冀等区域一流创新资源、科创人才，促进"政产学研资"深度融合，为数字中国、网络强国建设贡献智慧力量。大会期间，人民日报数字传播针对数字经济及其相关领域对院士童庆禧进行深入访谈交流。

童庆禧在"2023数字经济·阳澄湖峰会"代表参会院士专家致辞并接受媒体专访

　　童庆禧一直紧密关注全球空天地一体化的发展动向，他说："不仅是数字中国，数字全球更是未来的趋势。空间信息和IT、人工智能的结合，可以产生新的应用价值，未来数字经济需要空天地一体化的时空服务。世界上的巨头纷纷布局：谷歌建立GEE云平台；亚马孙构建AWS地面站的云平台，而且计划发射3 236颗卫星；SpaceX将要发射42 000颗卫星，实现无处不在的互联网连接；MAXAR公司将DG和MAD合并成立全球最大的遥感卫星公司，建立面向企业与政府的卫星信息云平台；AIRBUS空客防务也在建立一站式卫星的系统的计划。"在童庆禧看来，科学技术从来没有像今天这样深刻影响着国家的前途命运，从来没有像今天这样深刻影响着人民的幸福安康。我国经济社会发展比过去任何时候都更加需要科学技术解决方案，更加需要增强创新这个引领发展的第一动力。遥感在内的现代科学技术将为驱动数字中国成为我国高质量发展的示范样板。

2019年童庆禧（左六）受邀参加首届粤港澳大湾区空间信息产业高峰论坛

第八章　桃李成林　芬芳满园

"春风化雨育桃李，润物无声洒春晖"

"诗言志，歌永言，声依永，律和声"。童先生与学生教学相长，恰似诗与歌的和鸣；学生们借苏轼《西江月·平山堂》中"胸藏文墨怀若谷，腹有诗书气自华"一句，表达对童先生的尊崇与感恩；童先生则以歌曲《往日时光》中"人生中最美的珍藏，还是那些往日时光……假如能够回到往日时光，哪怕只有一个晚上"的歌词，抒发与学生们相处的怀念之情。

传道授业，六十余载矢志不渝

韩愈说："师者，所以传道受业解惑也。"童庆禧作为一位长期奋战在科研第一线的科学家，同时也是一名教育工作者，"授业、传道、解惑"尽显师者风范。他六十年来他培养了一大批优秀的遥感科技人才，其中包括国家杰青3名、长江学者1名、万人计划领军人才3名、国家优青4名（含海外优青），以及在国际学术组织任职的一大批科技研发和行业应用领军人才；正是这一批批传承者，才使得我国的高光谱遥感事业不断向前发展，取得了今天骄人的成绩。

　　鉴于童庆禧院士为我国的遥感和地理信息教育事业做出的重要贡献，2022年被授予第十届高校GIS论坛"中国GIS教育终身成就奖"，这是对他师者这一特殊身份的褒奖。

2022年童庆禧院士获中国GIS教育终身成就奖

　　童庆禧对人才培养有独到的见地："对于教育工作者，往往比较注重室内教学、实验室教学、计算机教学，这是数字化、信息化不可或缺的，但在教学中还是要结合实际，加强实践教学，比如遥感实习，影像学一定要和野外工作结合起来，和国家的实际情况结合起来。"

童庆禧院士、郑兰芬老师（右五）与学生们在办公室讨论工作

童庆禧与学生们参加田间野外实验并开展党建活动

"第二，要加强基础。遥感是个新兴学科，它的基础涉及很多方面，包括地学、生物学、数学、物理、电子、计算机等众多学科，传感技术、探测技术、空间技术、航天技术、卫星技术、电子技术等多种技术，这些基础一定要打牢。虽然不能要求一个人在遥感的各个方面都能够有所造诣，但是在深入某一方面的时候，也要对其他方面有更多的了解。"

童庆禧与中国地质大学副校长万力为数理学院学生培养实践基地揭牌

"第三，纵观这三四十年国际国内遥感的发展，就是一个不断创新的过程。所以老师们，同学们，一定要加强对创新的认识，提高我们的创新能力。其实，这正是我们目前比较欠缺的。我经常和我的学生讲，很多事情不要局限在现在别人做的、现在书本上讲的，而是应该有一种冥思苦想、奇思妙想，往往不是做不到，而是想不到，大家要有开拓思维。中国的遥感、地理信息，仍然存在着不少问题，其中一个问题就是很多技术还是从国外引进来的，真正完全是我们自己自主创新的还很少。这就要求我们的年轻才俊，一定要有创新能力，只有自主创新，才能奠定我们未来发展的基础，立于不败之地。"

童庆禧参加中国科学院空天院2023年毕业典礼并与他的几代学生群体合影

童庆禧参加北京大学遥感所2018年毕业典礼

　　童庆禧院士在人才培养实践中还特别注重科技成果转化，他经常强调"有了创新成果，转化也是非常重要的。我们要加强遥感和地理信息技术在地方的产业转型，数字化转型中做更多的工作，能够创造一些实际的效益。这是我们整个遥感和地理信息科技界现在应该做的。"

应邀出席香港航天科技集团公司成立大会

如今，童庆禧院士的学生遍布国内外科研、高校、公司、国家部委等部门，桃李满天下，他所开创的高光谱遥感研究团队已成为全球著名的高光谱遥感技术研发基地和人才培养高地，是我国高光谱遥感人才培养的摇篮。

热心公益，传播科普

2022年9月，中共中央办公厅、国务院办公厅印发了《关于新时代进一步加强科学技术普及工作的意见》，提出了科学普及同科技创新同等重要，而像童庆禧院士等一批科技工作者，早已把科普工作融入到了自己的科研生涯之中，将科学的种子撒播在中华大地，结出丰硕的果实。

童庆禧院士参加"科学与中国"院士巡讲活动

"遥感是观察地球的天眼。"在《院士开课啦！》第九期节目中，童庆禧院士对遥感技术做出了详细的介绍。这个节目正是通过院士访谈的形式，提供优质的科普内容，讲述知名科学家的科研故事，展现科学家们的精神财富，带领大家走进科学和科学家们的世界。

童庆禧受邀参加《院士开课啦！》节目

童庆禧院士受邀参加由中国青年报社联合中国科协科学技术传播中心、"学习强国"学习平台、抖音共同推出《院士开课啦！》节目，讲述遥感技术，解密观测地球的"天眼"。2022年7月28日，童庆禧院士又来到《科学公开课》节目中，为网友深入讲解什么是遥感，以及它在现实中的诸多应用。

童庆禧院士录制《科学公开课》

力所能及地参加科普工作，在童庆禧院士看来，有很多实际意义。"现在由于年龄偏大了，实际的科研工作参加得很少了，但科普工作是我义不容辞要做的。首先，无论是遥感技术，还是地理信息技术，在我国都是新兴的科学技术领域，很多人对这方面的工作还不是特别了解，所以我有义务向大家做一些科普。让大家了解什么是遥感？遥感能发挥什么作用？其次，科普可以提高公众对中国发展的信心，提升对中国发展的了解。比如说，目前我们的遥感卫星居于世界前列，遥感对地观测可以无时无刻关注地球出现的问题，特别像中国这样灾害频发的国家。还有城市的发展和农业经济发展的关系问题，都是遥感能做到的。"

童庆禧主讲CCTV-1《院士说科技——高光谱技术》

"我的科普对象大概有几个层面，一是各个地方的政府官员、党政干部、国家工作人员；二是高校，也有相当一部分的中学，甚至还做过两期小学的科普教育。对于孩子们来讲，让他们了解到国家高新技术的发展，从小树立起在这方面为国家学习的志向和兴趣，培养遥感后备军"。

童庆禧院士带领青少年畅游遥感世界

"最后，通过科普，在一定程度上，还可以对一些不正确的做法起到威慑作用。比如说，各级政府在粮食产量、灾害损失等上报过程中，可能出现层层加码或者层层减码的问题，但是通过卫星可以真实掌握实际的种植情况、灾害情况，都在遥感的监测范围之内。通过这种科普宣传，有一些国家干部或者是一些政府工作人员就会意识到什么是'人在干，天在看'，无论对上汇报还是对下核查，都要实事求是，防止弄虚作假。科普让大家更好地树立诚信观点，树立科学观点，这样对国家的发展也是非常有利的。"

2024年童庆禧在中央民族大学附属中学做科普讲座

殷切期望，以学成才以才报国

从少年到耄耋，童庆禧院士无尽的探索本色一直未变，只不过在顽强坚韧的性格和一颗火热的赤子之心的基础上，又增加了几分恬静淡泊的心态和慈祥宽容，正所谓"非宁静无以致远"，童先生在"高光谱遥感科学丛书"的序中，就使用这句话来鼓励这套丛书的作者们。当看到年轻一代继承了老一辈遥感人锲而不舍的精神，继续推动我国遥感技术走在国际前沿时，童庆禧院士感到十分欣慰，他强调青年是国家的未来，是民族的希望，并笑称"江山代有才人出，各领风骚数百年"，自己已经是"俱往矣"了，他希望自己能够成为年轻人的垫脚石，尽自己所能帮助大家。对于年轻人，他也提出了殷切的期望，希望年轻学子：以志求学，以学成才，以才至用，以用报国。

童庆禧在中国科学院大学毕业典礼上寄语青年

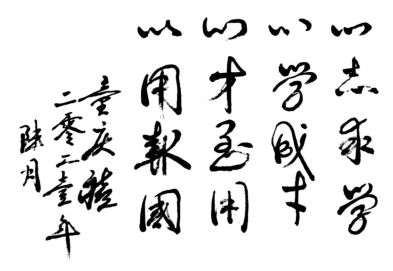

童庆禧寄语青年学子：以志求学，以学成才，以才至用，以用报国

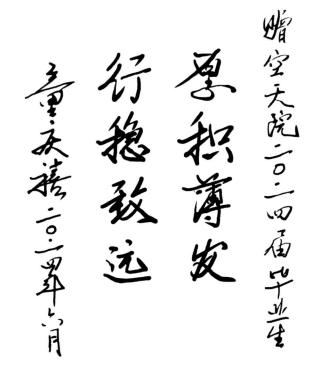

童庆禧寄语中国科学院空天信息创新研究院2024届毕业生

在这次大会上他勉励大家："科研还是教育教学中都有很多困难，但我想，对于我们从事科研教学的人来讲，首先要有一个平和的心态，整个社会的发展总是曲折的，困难总是会有的，我们国家的发展也是在不同阶段会有不同的困难，一个曲折发展的过程，但总体方向是在不断前进的，所以心态要放开，要相信国家、相信党、相信人民、相信中国的发展。"同时，大家要有一种大的格局观。把自己摆在发展中间去，摆在整个世界范围内的学科领域内。我们的责任是要让中国在世界

上有自己的地位，能够为中国的发展贡献力量。""最后，还是要艰苦奋斗，不能放松。马克思说，在科学的道路上，没有平坦的道路可走，只有那些不畏艰险，沿着荆棘的道路不断攀登的人，才能到达光辉的顶点。不是说每个人都要到达光辉的顶点，但是你要到达你所期望的或者你所能够到达的高度，不付出自己的努力是做不到的。党的二十大提出了发展前进方向，我们要为将来的第二个100年奋斗目标努力。只有每个人都做好了，整个社会才会好。不能因为某些情况或者暂时的困难，被吓倒，所消沉，这是我们现在教学、科研人员，和同学们应该注意的。对于每个人来讲，挺起腰杆，努力奋斗，成为一个对国家有用的人才。"

"老骥伏枥，志在千里"。童庆禧院士依然有着自己的理想，信心十足，精神饱满，继续战斗。他依然"年轻"，有着年轻人一样的活力，有着一颗年轻的心，有着敏捷而清晰活跃的思维，始终怀着对遥感事业的热爱，以及服务于国家和社会的热忱。他并没有因为年龄增长而放慢脚步，更没有因体能的下降而稍事休息。相反，他以更加饱满的热情接受着新的挑战，憧憬着美好的未来，用自己的六十余年科教生涯践行了"将论文写在中国大地上"中国科学家光荣使命。

他的科教六十载职业生涯，不仅是他的个人成长和奋斗史，更是半部中国遥感发展史，他既是这段历史的见证者、参与者，也是这段历史的重要引领者之一。他的从研遥感人生也是中华民族波澜壮阔的近现代奋斗史在个体上的投影，他的经历生动地诠释了个人与祖国命运紧紧相连的大时代背景，谱写了与祖国同行的华丽篇章。

童庆禧在韶山参观瞻仰毛泽东同志故居

童庆禧参观遵义会议会址

2010年童庆禧于马克思故居前追思先贤

老骥伏枥，志在千里

2024年神舟十五号航天员张陆向童庆禧赠送书法作品"步月登云"

同事、学生眼中的童院士

　　本书收录了童先生事业上紧密合作的一些伙伴和好友撰写的回忆文章，他们是田国良、项月琴、迟国斌、李岩和曹和平等。还有一些年轻学子长期接受童先生的教诲，科研工作和人生深受童先生的影响，也一直把童老师作为自己敬爱的老师看待，这里择选了其中四位代表，他们是顾行发、邹伦、陈秀万、刘瑜。童先生1992年担任硕士生导师，1996年成为博士生导师，至今已培养一大批优秀学生，比如王晋年、田庆久、张兵、张良培等，其中很多现如今也已成为优秀的研究生导师，他们的学生也有很多机会接受童先生的当面教诲和指导，逐渐成才、根繁叶茂，成为遥感领域的佼佼者。本书在这些学生群体中选取了一些代表，以学生眼中的童老师为题，抒发他们对老师的爱戴和所感所悟。

学生们制作的童庆禧院士八十华诞贺卡

将高光谱测量搬到天上的科学家

田国良

（中国科学院空天信息创新研究院，研究员）

1. 地物波谱航空测量在腾冲资源环境遥感初试成功

1978年12月的一天，天空万里无云，在美丽的云南保山机场上空有一架神秘的直升机发着轰鸣，迅速地升到高空，往腾冲方向飞去。人们仰望天空，好奇地看到飞机开着舱门，门口坐着一个人，系着安全带，双手扶着一个炮筒似的仪器，瞄准地面扫描。原来这是中国科学院地理研究所二部地物波谱与航空遥感研究室的科研人员正在开展地物波谱测量。乘坐的是苏式米8直升飞机，使用的炮筒似的仪器是他们自行研制的地物波谱仪，坐在机舱门口就是该室的主任童庆禧先生。他正在带领科研人员参加腾冲资源环境遥感试验。只见童庆禧主任瞄准地面的目标，喊着目标名称，发出命令，科研人员按各自的分工，依次记录下我们测得的第一条光谱曲线，心中充满了喜悦。在此之前的实验遭遇过失败，童先生没有埋怨任何人，鼓励大家吸取教训，提高仪器性能。并鼓励我们说："搞科研就不怕失败，关键是怎么站起来。"

在20世纪70年代初，国外开发了地球资源卫星遥感技术，把地球科学与空间科学技术相融合。遥感就是通过遥感仪器探测地球表面物体对电磁波的反射、发射和吸收来区分和鉴别各种地物，地物波谱特性是遥感应用的重要基础。地物波谱特性通常是在地面测量。

1977年初，在中国科学院的直接领导下，成立了由地理所（二部）负责的联合试验筹备组。中国科学院决定，倾全院遥感技术之力，在完全自主的基础上开展腾冲遥感实验。实验先后投入了我国最新研制的多种航空和地面遥感设备，调动了5架各种类型的飞机，全国数十个部门和单位及数百名科技人员参加。目标是获取腾冲地区航空遥感数据，探索航空测量地物波谱的方法，获取有价值的地物波谱数据。童庆禧主任是腾冲遥感试验的空中组的组长，他亲自参与地物波谱航空测量，并且与机组和遥感仪器研制单位共同制定飞行计划，指导航空遥感数据获取的各项工作。

当时的地物波谱与航空遥感研究室，童庆禧先生是研究室主任，我是地物波谱组的负责人。我们首先研制出自动测量的光谱辐射计GPJ-1型。在此基础上，又完成了改进型GPJ-2型光谱辐射计，更便于读取测量数据，提高了数据处理速度和精度。

云南腾冲地处山区，地形复杂，地面交通设施简陋。童庆禧主任根据这种情况，大胆地提出开展航空测量，利用飞机机动灵活的特点，可以全方位的测量植被（森林、草地、农作物）、土壤、岩石、水体、人工建筑等各种地物。他主动承担最危险最艰巨的任务，在机舱门口操作主机选择目标测量。但是，航空测量当时没有任何可参考的方法和经验，我们采用了在起飞前测量标准板，飞行完再次测量标准板的方法。同时通过测量时间，计算出太阳高度角，得到测量时标准板的反射率值，从而解决了地物反射率的计算问题，保证了地物波谱航空测量的顺利进行。

通过6个飞行时，取得了腾冲试验区包括黑白全色、黑白红外、天然彩色、彩色红外和多光谱

5种航空摄影像片，多光谱、热红外两种扫描图像和激光测高等一系列遥感资料。特别是从地面和直升飞机上对100余种树木、作物、土壤、水体、地质体测得地物波谱曲线1 000多组，为以后制定统一的标定、测试规范、仪器改型，提高自动记录水平，为最佳波段选择和特定波段的开发，获得了第一批地物的航空光谱数据，在国内开创了地物波谱航空测量的先河。

2. 地物波谱遥感在津渤城市环境监测的开拓应用

腾冲遥感创造了具有中国特色自主发展遥感技术的成功之路。1979年12成立了中国科学院遥感应用研究所，保留了原地物波谱与航空遥感研究室。

1979年后，国际遥感的热流不断向国内传播、冲击，促使遥感所站到发展遥感科学技术、服务国家经济建设、培养高级遥感人才的战略高地上。

遥感所在可见光和近红外波段基础上，增加了热红外和微波波谱特性的测量仪器和研究内容。在腾冲遥感试验的基础上，我们在室主任童庆禧的指导和带领下，进一步加强地物波谱测量方法的研究和应用。

在野外波谱测量中加强了野外光谱辐射计的波长和辐射量的定标，保证了测量数据的准确性；童庆禧主任指导我们在选择被测地物的代表性、环境参量的配套测量、仪器架设的方位、天空云量的监测等方面，总结出一套行之有效的方法。解决了地物反射率的计算问题，保证了航空测量的准确性。

1980年原国务院环境保护领导小组办公室决定，由中国科学院和天津市政府在天津-渤海湾地区组织一次航空遥感试验，调查了解当时津渤地区环境污染问题的严重状况。

津渤航空遥感试验有别于资源遥感。是为天津市的水源保护、环境绿化、城市规划和污染源追踪、污染危害评价提供遥感监测评价手段。

我们地物波谱组参加了这次航空遥感试验，采用室内外测量相结合，地面、遥感车、船、飞机多平台相结合，开展综合测量和环境污染地物波谱特性分析研究。童庆禧主任担任实验组航空测量的总指挥，我是地物波谱测量组的负责人。我们的主要任务是利用多种测量平台，开展城市环境地物波谱特征研究，分析地物波谱与城市环境及其污染的关系，为津渤环境治理提供科学依据。

我们先后在飞机、地面、船上测量了该地区近百种地物（植物、土壤、水体）的波谱，进行综合对比分析，还进行了有控制的模拟污染试验和实地采样化验。我们惊奇地发现：植物在生长过程中，受某种物质污染以后，内部结构、叶绿素和水分含量等会发生不同程度的变化，它们的光谱反射特性也随之变化。因此可通过植物光谱反射特性的变化来监测它们受污染的情况。

我们重点测试和研究了二氧化硫污染对植物光谱反射特性的影响，研究了土壤中某些重金属，如镉、铬、铜、铅、锌等超过一定量，会影响植物的正常发育，显示出光谱反射特性发生变化，根据这种变化可以寻找出监测污染的指示性植物，为图像分析提供依据。

分析表明，水体的光谱反射率一般比较低，海水（近海）和潮水比较浑浊，悬浮物较多，反射率较高。严重污染的卫津河水的反射率最低，曲线平缓。生活污水、工业废水含有大量腐败性有机物质，有毒物质如氰、砷、农药、重金属等，其光谱反射率也有相应的变化。造纸、地毯、纺织、食品等工厂所排放的污水含有大量有机物，水体浑浊，水色黑褐，光谱反射率比较平直。油污染在水面形成一层油膜，也会使水体光谱反射率发生变化。在飞机上测量的天津碱厂污水池的反射率曲线可以发现，有浅蓝色水体的碱渣池、草绿色的泊盐沟、绿色的排污水、墨绿色的净化水。它们的光谱反射率的差异很大。

受污染的土壤及掺混有固体废弃物的土壤，其光谱反射率也会发生变化。例如，天津碳黑厂排出的烟尘飘落使土壤的光谱反射率显著下降，天津碱厂的碱渣和白灰渣的光谱反射率都很高，随波长的变化较缓慢。

我们对植被、土壤、水体等污染地物光谱特性分别采用植物的微分光谱分析、土壤污染程度与光谱数据的相关分析、水体光谱反射率与水质关系的回归分析，发现二氧化硫的动、静态污染的水稻、玉米、棉花等，受重金属铬、铜等污染的其他植物，其波形位移变化都是有规律的。特征波长的位移与植物中叶绿素总量存在着较好的相关性。测试污染植物的光谱反射率，通过波形分析可以得到与污染有关的某些信息，它可作为一种新的监测环境污染的手段。

研究还发现，碳黑的比例和污染土壤的光谱反射率有较好的相关关系，进行回归分析，就可以估算污染物所占的比例。而水体的光谱反射率是水中所含各种物质的综合反映。因此，地物波谱特性的测试可为环境监测提供一种新的途径和方法。植物的微分光谱法，突出了污染和未污染地物的光谱反射特性差异，如应用于监测污染和找矿，很可能成为一种行之有效的方法。做相关分析和多元回归分析，可以找出影响地物波谱特性变化的主要污染物质。

总之，津渤环境遥感试验中研究了不同种类的水体、植被、土壤等多种地物波谱特性，得到了污染和未污染地物的波谱特性差异，找出了该差异和污染的相关关系，建立了图像判读标志，确定了最佳工作波段。通过地物波谱反射率这一物理光学指标，能够定性或半定量地鉴别污染地物，进行污染动态跟踪，快速简便地为地面采样分析做先导指示，确定监测的方向和重点。微分光谱法有可能成为监测植被污染的快速有效的物理光学方法。

在童庆禧先生的直接参与和带领下，从腾冲资源遥感到津渤环境遥感，不仅在方法上有新的开拓，而且在环境监测能力上，也有新的发现和提高，从可见光-近红外拓展到热红外、微波波段，使航空波谱测量设备的体积缩小，重量减轻，集成度高，操作进一步简便，凸显了地物波谱特性研究的重要性和实用性。

3. 创新高光谱遥感，实现图谱合一的跨越

童庆禧先生是我国航空遥感的开拓者和见证者，他主持了中国第一次航空遥感试验—新疆哈密地区航空遥感试验。这是一次以地质地理为主要对象的综合遥感试验。试验中应用了中国科学院新研制的多光谱航空照相机，红外扫描仪，微波辐射计以及激光测高仪等试验样机。通过试验，第一次取得了一个地区比较完整的遥感资料数据，分析出来的地质构造线信息要比原来帕尔岗地区通过地面调查所得出来的多数十倍。多光谱和红外扫描图像对区分岩石类型，进行地质分析有显著的作用。

20世纪80年代初，中国科学院提出在中国建设卫星地面站和高空遥感飞机的建议，国家先后批准了从美国引进卫星地面站和高空遥感飞机两个重大项目，它被誉为是中国遥感历史上的重要里程碑。

在童庆禧先生的带领下，完成了大量遥感飞机的前期论证、总体方案设计、运行体系构建、项目立项申请等工作。1986年6月两架"奖状"遥感飞机完成全面技术改装，并正式投入运行，当时在国内外产生了重大影响。

1985年4月成立"中国科学院航空遥感中心"，开展航空遥感实验研究；配合重大的资源与环境测量任务，开展航空遥感服务。童庆禧先生担任航空遥感中心主任。

童庆禧先生带领地物波谱研究组，编辑出版了我国第一部遥感应用的地物波谱参考手册，是我国有关地物波谱特性研究论述、数据汇总和专题分析的第一部专著，对于我国遥感应用基础研究有很好的推动和促进作用。

童庆禧先生一直在思考一个问题：遥感获得的信息包含地表的空间、时间、波谱三种特性。在对遥感数据分析时，能不能发展一种新的技术，同时获取地物的这三种特性？这就是刚刚兴起的高光谱遥感技术。高光谱或成像光谱将地物光谱与地物的空间影像有机地结合起来，对空间影像的每一个像素都可赋予光谱信息。遥感影像和光谱的合一，是遥感技术发展历程中的一项重大创新。

机遇和幸运总是留给那些有准备的人，童庆禧先生作为项目负责人，承担了国家"七五"科技攻关项目——高空机载遥感实用系统研制，经过五年的攻关，联合中国科学院相关研究所及高等院校，建立了中国第一个高空机载遥感实用系统。

童先生领导建立的航空遥感技术系统、地面配套与支持系统，在全国设置了十三个遥感基础试验场，完成了遥感前沿技术跟踪及创新系统（包括成像光谱仪、激光荧光系统、几个三维扫描系统等的研制、数据处理分析和应用）。

该项目的完成使我国航空遥感水平进入世界上少数几个能自行发展并拥有综合遥感能力国家的行列，在遥感理论与技术上取得了一系列进展、突破与创新。与国外同类先进技术进行对比，各项技术指标、性能参数和应用水平均处于当代航空遥感系统前列。

这里要特别强调的是成像光谱仪的研制，它把每个空间象元色散成几十个或几百个波长带宽在10纳米左右的光谱波段，其高光谱分辨率，为遥感技术开创了崭新的应用领域，使根据电子跃迁和分子振动直接区分多种矿物成为可能。当时的线阵光机扫描成像光谱仪样机具有71个波段。

在成像光谱技术方面，我国已成为国际上少数掌握这种技术的国家之一，并走出国门开展国际合作，在资源遥感中显示了巨大的应用潜力，受到国际遥感界的关注，并获得较高声誉。

项目还建立了土壤、植被、水体、岩矿和人为建设等五大类地物的光谱测量数据库，遥感试验场基本数据的收集及地物波谱特性数据库的建立，为我国航空、航天遥感机理研究及定量分析与应用奠定了坚实的基础。

在童庆禧先生的建议下，中国科学院遥感应用研究所专门设立了高光谱遥感学科，建立了高光谱遥感研究室，开展高光谱遥感前沿技术研究、遥感数据获取与成像载荷研制、高光谱资源环境应用研究等。先后研制了高空间分辨率遥感及光学遥感器系统、可见近红外与短波红外地面成像光谱仪、航空成像光谱仪、面向国土资源应用的岩芯成像光谱系统、面向微观遥感探测的显微成像光谱系统、智能高光谱遥感器、偏振成像光谱仪等。开展了高光谱深空探测、高光谱石漠化监测、高光谱碳源汇监测和高光谱生态环境应用。

童先生作为学术带头人，带领高光谱遥感团队，建立了高光谱遥感理论、方法和技术体系，形成了具有鲜明的学科特色，在国内外有一定的学术地位。足迹遍及美国、法国、澳大利亚、日本、马来西亚等国家，取得了一系列重要研究成果，为国际高光谱遥感的发展做出了重要贡献。在国际合作中充分显示了其优异性能，获得广泛好评，受到国外用户的赞誉。

如今高光谱遥感已发展成为一项颇具特色的前沿技术，并孕育形成了一门成像光谱学的新兴学科。其应用领域已涵盖地球科学的各个方面，在地质找矿和制图、大气和环境监测、农业和森林调查、海洋生物和物理研究等领域发挥着越来越重要的作用。

由于童庆禧研究员在地物波谱、航空遥感、高光谱遥感领域的创新贡献，他被评为中国科学院院士、欧亚科学院院士。他是我们科研的领导，更是我们的老师，是我们开展地物波谱特性研究的领路人。他勇于进取、敢为人先、艰苦奋斗、无私奉献、开拓进取、勇往直前、大胆创新、报效国家的科学家精神，是推动我们开展遥感科学研究向前的榜样和动力。

参加珠穆朗玛科学考察太阳辐射工作的回忆

项月琴

（中国科学院地理科学与资源研究所，研究员）

欣闻中国科学院院士童庆禧先生九十寿辰，要出版研究工作文集，衷心祝贺！1966～1968年，我有幸参加在他领导下的珠峰科考的准备工作到完成论文的全过程，收获很多。为便于回忆，我找出了童先生2011年4月为地理所编写所志提供的材料：珠峰的太阳——珠穆朗玛科学考察记。据此，摘录若干，回忆那段难忘的经历。

珠峰的太阳——珠穆朗玛科学考察

这是童先生在他的科研生涯中完成的第一个科研任务。由于他在业务和身体条件的综合优势，气候研究室负责人左大康推荐他为考察队成员，参加由施雅风领导、谢自楚具体负责的冰川研究专题，主要进行高山太阳辐射的观测研究。要在海拔五六千米以上严寒缺氧的环境下进行容不得丝毫含糊和随意的科学观测和考察，甚至更多的时候可能是一个人独立工作。这个任务要求很高，也是一个全新的挑战、严峻的考验，也是难得的机遇。

他的研究目标　通过这次观测，研究太阳辐射在这一特殊高山地区随海拔高度的变化，探究影响太阳辐射变化的机理。主要以研究太阳直接辐射为主，散射辐射在很大程度上受周围山体影响，因而只做一些随机的观测。

1. 1966年童庆禧在6 500米设点观测

童先生一个人带着观测仪器在珠峰6 500米登山队的前进营地设立了观测点。为了到达这个高度，还有很长一段路要在东绒布冰川的起伏不平的表碛和侧碛上攀爬。就在这氧气不足海平面1/3的高山上，要克服的问题不仅是严重的高山缺氧，还有一个人的孤独和寂寞。夜间除需要定时观测外，总是合衣钻进帐篷和睡袋。由于帐篷外是零下20多度的严寒，因呼吸出来的水汽在帐篷顶上凝结成厚厚的冰霜，早上起来时抖动帐篷，这些冰茬掉进脖子里，冷得发抖。就在这高山缺氧，连吃饭和睡觉都成问题的高度上，童先生一个人坚持了一个星期的连续观，获得了表征珠峰高山地区太阳辐射和大气特性的一批宝贵科学数据和资料。

2. 1968年再登探珠峰

大胆设想，小心求证和创新，就成为重探珠峰取得成功的关键，童先生提出建议和设想，在地理所的倡导下，一支更为综合的高山气象、辐射，甚至天文观察研究队伍在院里的支持下紧急组建起来。各参加单位都增加了人员，地理所增加鲍士柱，与1966年相比，这次高山科考活动在观测内容和观测的系统性都有重大拓展。在太阳辐射观测中系统地进行了太阳的分光测量,第一次通过系统的多角度观测不仅反演了大气气溶胶的光学厚度,而且对气溶胶的粒度进行了推算。北京天文台将棱镜分光单色仪,第一次增加了对大气水汽含量的测量和研究。

一个附带的结果 1963年美国高山科考人员在珠峰南坡对太阳辐射进行观测。结果表明,珠峰地区大气特性与印度平原地区相近。这一结论似乎有悖常理。通过查阅资料,我们推测是1963年3月印度尼西亚阿贡火山爆发,悬浮高空的火山灰的影响所致。实际上,我国1966年和1968年先后两次观测的结果,也同样受到沉降速度很慢的微小粒子的火山灰气溶胶的影响,只是影响幅度要小得多。

3.坚强的后援

为了获得更多、更好和更可靠的数据,因此在观测技术和分析的严谨性方面都有着更高的要求,其关键就是创新和改进观测技术。在童先生的带领下,大家群策群力研制和改装3个重要观测设备,这是三项重大的技术创新。对此地理所小气候组、辐射组和金工车间有关成员组成的小组发挥了重要作用。

此外,还将一些重要而精密的进口仪器,带上山进行综合性的太阳辐射和大气特性的观测。

在观测仪器的研制和标定过程中,兄弟单位的协作和支持具有重要甚至是决定性的作用,中国科学院电子所、上海光机所、中国计量院、中国科学院大气物理所等都给予大力支持。就这样,经大家的努力,在短时间内夜以继日研制成功了一批新型的观测仪器和设备,保证了考察队员携带全新的观测仪器和设备去迎接高山和冰雪的考验。

在这次高山科考行动中,由西藏军区派来支援我们的经过专业登山训练的战士发挥了重要作用,为我们探索前进路上的险阻,破天荒地将牦牛赶到了从来没有过牦牛足迹的5 900米高度,为我们运送了许多观测设备和生活用品,起到了重要的保障作用,并为以后的登山和科学考察的物资运输积累了可贵经验。

4.成果和探索的收获

有多项科学问题是通过这次考察第一次涉及,进行了研究和探讨,这次珠峰科学考察,特别是1968年具有很强针对性的系统观测研究,对探讨和揭示许多问题具有重要作用。这里不再赘述。

结　语

(1)回想起1966年我跟随童先生做珠峰科考的准备工作时,感觉他到哪儿去,做什么事都胸有成竹,是对这项任务已经很熟悉、很有经验的老师了。其实珠穆朗玛太阳辐射的科学考察是童先生在他的科研生涯中接受的第一个科研任务,虽然还是一个研究实习员,但是对这项科研任务的研究目的、内容、方法和手段已经了然于心,以及上文种种均充分彰显了他具有超常的科研智慧和能力,组织和领导能力。

(2)为了获得更多、更好和更可靠的观测数据,在童先生的带领下,大家群策群力,研制和改装了一些重要的观测仪器和设备,并对仪器进行严格标定。在仪器研制和标定过程中,得到了中国科学院及国内许多单位的协作和支持,具有重要甚至是决定性的作用。经大家夜以继日的努力,在短时间内完成任务,西藏军区派来有登山经验的战士和牦牛支援我们,保证了考察队员携带全新的观测仪器和设备去迎接高山和冰雪的考验,圆满完成观测任务。

（3）除直接参加高山考察的人员外，中国科学院地理所、北京天文台和冰川所一些在这个领域颇有造诣的科技人员，都全身心地投入到对观测数据的处理和分析中。通过对观测仪器的再校正，大量数据的计算处理和综合分析，撰写了一批很有价值的科学论文。其中包括：《珠穆朗玛峰地区的太阳辐射》《珠穆朗玛峰地区太阳辐射光谱组成》《珠穆朗玛峰地区微量水汽对太阳辐射的吸收》《珠穆朗玛峰地区的大气透明状况》和《大气外太阳辐射近红外区能谱分布的测定》。这些文章收录在《珠穆朗玛峰科学考察报告　气象与太阳辐射》中，该书由科学出版社1975年出版。

综上童先生承担的研究课题圆满完成，它可以作为中国科学院野外台站设点观测的一个典型例子载入史册。

（4）该项目中太阳分光辐射的测量和研究方法，被地理所辐射组和兰州冰川冻土沙漠所用于他们的科研工作中。

（5）我在跟随童先生工作过程中，学习和积累的知识和方法，为我此后在辐射组和地理所野外站的工作打下了良好基础。

（6）地理所博世祥园新房盖好后，早就退休的樊仲秋（是参加珠峰科考工作小组的成员），大家不了解他的情况，分不到新房。他找我帮助，我让他找童先生，很快问题得到解决。

高光谱遥感的开创者

李　岩　迟国彬

（华南师范大学，教授）

　　我们非常荣幸在初入遥感领域，就得到童庆禧先生的提携和指导，他是我们在北京大学遥感研修班学习时的启蒙老师之一。在与童庆禧先生共事的40余年中，作为遥感应用单位，曾参与了他主持的多个项目，如：腾冲航空遥感、遥感最佳波段选择、红外细分光谱遥感找矿等。这些项目则是他一步一个脚印为中国高光谱遥感奠定的坚实基础。

　　为了能及时获取到第一手遥感数据，在他的倡导下成立了中国科学院遥感所的航空遥感中心，并担任航空遥感中心主任；他从地物光谱研究成果中得到红外波段含有丰富的矿物特征信息，则与上海技物所合作研制了红外细分光谱仪，将2.0～2.5μm的波长范围分成8个窄波段，探索提高矿物信息识别的效果；开启高光谱遥感的第一步——红外细分光谱遥感。紧接着，在红外细分遥感新疆找矿项目中，将前期的研究成果落实在红外细分遥感找矿的应用中。

　　在项目执行的过程中，童先生的才思敏捷给我们留下特别深刻的印象。每当他在认真聆听各专业组专家汇报工作进度和阶段成果后，便可立即抓住问题的逻辑关系和要点，综合多学科领域知识，指出各专业组在项目执行过程中需重点解决的关键点，并全面掌控项目的执行进程。他不仅亲历亲为设计航拍方案，对各种图像处理方案提出建议，在提取到了相关的矿物信息后，童庆禧先生

2002年摄于广东中山，图中左起李岩、迟国彬、童庆禧、丁瑄、王云鹏

2015年12月与来广州开会的童先生合影（右起：迟国彬，王云鹏，李岩）

又亲自带队赴野外验证信息识别的结果，以证明红外细分技术在地质找矿中应用的有效性。特别是在新疆铁木尔特，野外验证需要翻山越岭下矿坑，他一马当先逐一验证矿点信息。项目成果不仅在该地区多金属成矿带中二氧化硅含量低-全铁含量较高的矿化特征，而且得到了地表出露的铁帽-褐铁矿化和夕卡岩化的分布状况。同时，还在西准格尔托里县红外遥感图像中提取到哈图金矿蚀变带的矿化信息分布图，并在野外验证了金矿化强度与岩石的破碎程度有关，且蚀变信息特别强烈的地带易于金矿（化）点的形成，具有寻找火山岩型金矿的前景。这些成果证明了高光谱信息的获取与识别将成为遥感技术发展的关键问题，也预示着高光谱遥感一定会有更好的未来。

通过参加童庆禧先生主持的项目，我们不仅取得了有价值的科研成果，而且培养和锻炼了执行大型项目的能力，使得我们在之后申请和执行国家级、省级项目的过程中获益良多。童院士非常重视与他共事多年朋友间的友情，在我们转入高校的教学工作后，他仍事无巨细地支持我们在科研和人才培养方面的工作。他协助我们成立"空间信息技术研究中心"，建议通过项目实施积极培养年轻人，多给学生参与科学研究的机会。同时，还鼓励我们的学生考取他的博士研究生，为华南师范大学培养遥感领域的博士人才。在我们退休后，他仍惦念着老朋友，每次来广州只要得空，必邀请大家团聚。当闻之，老朋友因病不能赴约，则在百忙中抽空前往家中探望，使我们感到十分暖心！

追随40余年的导师，中国遥感界"靠谱"的科学家

顾行发

（广州大学，教授）

一、童先生是我人生的导师

如何选择对童老师的称呼，我还是愿意以老师相称。一是以自己能当童老师的学生为荣！再者就觉得这样能拉近与童老师的关系。好在童老师也不嫌弃，认了我这个编外的弟子。又想到老师辛辛苦苦对我几十年的栽培和提携，又想叫声恩师。一生的光辉成就的老师虽已是耄耋之年，但他老人家仍然活跃在科研一线，回忆他对我在工作中的指引和生活中的引导，不禁更加肃然起敬，想毕恭毕敬地叫声先生！

二、我对先生40年的"追""随"

40年是漫长的，40年间，我"追"了20年，"随"了20年！

受童先生影响，选择遥感辐射研究方向

仰慕先生的学识，我选择了遥感辐射研究方向。1982年，我从武汉测绘学院航空摄影测量系毕业，分到国家测绘总局测绘研究所工作，接触到当时在学界影响巨大的腾冲遥感，通过对中国典型地物波谱集和腾冲遥感的红外图像集的学习，对童先生崇拜不已。我深感地物波谱研究的重要性，使我在研究中对航空光学相机的光晕效应，通过辐射方向性制作了改正掩膜，修正了大幅照片中间和边缘黑白深浅不一致的现象。1990年使我成为由龚中羽老师牵头的国家科技进步奖二等奖的获奖成员！这也是受童先生未谋面指导的结果，更使我坚定了从事遥感辐射研究的信念，从而在1984年受国家测绘总局公派去法国留学时，毅然选择了辐射校正技术的物理学研究方向。

承童先生亲睐，开启中法遥感合作新时代

1991年我在参与对法国卫星遥感技术发展具有重大意义的国际上第二个辐射校正试验场（La Crau）建设中，发现和修正了美国对其陆地卫星辐射校正的错误，挑战了国际权威。后在美国辐射校正的鼻祖SLATER教授专程前来参加我的论文答辩时，认可了我的结论。此举在法国学界产生了重大影响。后经人民日报海外版报道和中国驻法使馆教育处正式向国内有关部门推荐了我。当时时任中国科学院遥感应用研究所所长的童先生力邀我回国讲学！并负担包括机票，食宿在内的全部费用，童先生就是我的伯乐！

通过童先生的邀请回国在遥感所和有关单位的讲学交流，加快了具有我国特色敦煌辐射校正场的建设，为中国卫星遥感数据的定量化应用发挥了关键作用。童先生还多次带队赴法国开展遥感辐

射校正实验、参加法英美联合在法国南部举行的航空遥感实验。他曾多次受法国空间中心（CNES）和法国农科院（INRA）邀请参加国际会议，展现了中国遥感人的风采，加强了中法遥感合作交流。在童先生的主持下我也参与了和中国科学院遥感应用研究所对研究生的联合培养，一批当年的研究生，如王晋年、田庆久、余涛等现在都成为了各自领域的骨干和领军人物，博士生刘伟东2002年发表在国际高影响因子"环境遥感"（Remote Sensing of Environment）的一篇土壤水分光谱研究的文章单篇引用超过500次。

拜童先生提携，推进国家高分辨率对地观测系统建设

2003年，童先生在国家中长期科技发展规划（2006—2020年）战略研究中主持提出的"对地观测系统建设"项目被确立为国家中长期科技发展规划16个重大专项之一，这就是后来"高分辨率对地观测系统建设"国家重大专项（高分专项）的基础，童先生为此做出了重大贡献。进而他又在由王希季院士和王礼恒院士担任组长的"高分辨率对地观测"重大专项总体论证和设计组担任副组长（同时担任副组长的还有李德仁院士和艾长春局长）。

上世纪90年代末和本世纪初我国遥感科学与技术取得了长足的进步，特别是国家中长期科技发展规划的制订极大的催熟了我回国效力的决心。2003年夏时任遥感所副所长的田国良先生在访法期间我志忑地提出了回国之事，在童先生的大力支持下我毅然放弃了法国的身份与待遇，回到国内，落户中国科学院遥感应用研究所并全身心投入工作。拜童先生的支持与举荐使我得到了中国科学院、国家国防科技工业局的高度认可，首先投入了"高分辨率对地观测"重大专项的总体论证和设计工作，并在专项的实施中担任了应用总设计师的重任，后来又被中国科学院任命为遥感应用研究所所长，给我提供了一生难得的报国平台，开启了我人生的新起点，特别是"高分辨率对地观测系统"重大专项的实施更使我得到了历练。

在此之后我又参加了"国家民用空间基础设施"规划的设计，新近，又担任了未来十年规划的应用发展组的组长，在为祖国空间事业发展努力工作的同时也让我深深体验到人生的价值。

在童先生推动下，提升中国遥感国际地位

有童先生这样的智者引领是我的荣幸，在童先生推动下，为提升中国遥感国际地位，2002年经中国科协书记处批准，原"中国参加亚洲遥感协会全国委员会"更名为"中国遥感委员会"，由童先生担任主席，现在这副重担转到了我的肩上。中国遥感委员会对外组织参加亚洲遥感大会和相关国际会议，对内组织每两年一届的"中国遥感大会"。在童先生的力荐下在第30届亚洲遥感大会上我当选为亚洲遥感协会副秘书长，开启了我国科学家参与亚洲遥感事务，促进我国与亚洲及世界遥感学术交流新篇章。国内外事务和任务的重担更加坚定了我为祖国遥感科技发展努力奉献的决心和信心。现在我又南下广州从业于广州大学，新的环境，新的任务有许多需要从头开始，幸得有童先生这样的长者引领与教诲，我相信付出定有回报，我也将坚定前行不负童先生的支持！

三、童先生是中国遥感界"靠谱"的科学家

追随童先生40余年，如果简单刻画先生，感觉先生就是靠谱！

童先生说，遥感要靠"谱"

遥感是远距离对地球的感知，不仅要靠"形"（影像），更要靠"谱"（光谱）。童先生说，形与谱是观测、认识客观地球的两翼，"形"表征地物的外在，而"谱"更能揭示地物的本征！目前

对地球的研究"形"多于"谱"，将两者结合将进一步完善对自然地球的认知。先生一直是靠"谱"的科学家。1976年就主持研制了地物光谱仪。在腾冲航空遥感时，就把自己绑在直升机上测地物光谱。编著出版了国内首部地物光谱学术专著《中国典型地物波谱及其特征分析》。之后又和薛永祺院士创建了中国自主高光谱遥感系统，曾应邀在澳大利亚、法国、日本等国家的合作邀请，开启了利用中国的先进的高光谱技术支持了与发达国家的科技合作的先河。使得中国遥感有谱，有中国自己的谱。当前，先生还在亲力亲为带领我们涉及未来的甚高空间分辨率全波段的三维高光谱卫星遥感系统的研究！

童先生说，做人要靠谱

先生不仅做科研靠谱，为人处事更靠谱。先生为人谦和，诚恳率真，1976年与薛永祺先生相识，携手合作近半个世纪，他们的友情和合作精神超越了兄弟情谊，成为了我们学习的典范；先生亲力亲为、勤勉尽责，他坚信只有亲身体验和直接参与，才能更好地掌握全局。虽然年事已高，但他经常半夜亲自修改文章，经常独自背包出差、亲自驾车去开会，这种豁达与豪迈，也深深地镌刻在我们的心中；先生治学严谨、无私奉献，注重人才的培养和传承，总是倾囊相授，他的学生们在他的悉心指导下逐渐成长为各自领域的佼佼者，用自己的智慧和汗水，为我国的科研事业注入了源源不断的活力。"桃李满天下"不仅是对先生最好诠释，也是对他无私奉献精神的最高赞誉。童先生是最靠谱的科学家，是我追随了40余年的导师！我将一生追随！

敬祝童先生九十诞辰快乐！健康长寿！

2023年12月顾行发（左一）与童先生（中）和王晋年
在"重走腾冲路"活动中合影

门墙之外：立有一面数字中国高旗

—— 我与童庆禧院士二三事

曹和平

（北京大学经济学院，教授）

　　我与童庆禧院士相识至今已二十个年头了。大约在2003～2004年间，数字中国高峰论坛在北京召开，我是经济学院的副院长，受陈秀万老师邀请参会。童院士代表大会致辞，给我留下了异常深刻的印象。

一、数字中国概念之启

　　童院士能把一种恢弘但一下子又捉摸不透的复杂过程用富有画面感的逻辑方式，在不经意之间表达出来。他在致辞中说，以美国在20世纪50～60年代网格化州际高速公路建设为例，通过这种网格化的联通方式，让美国厂商在20世纪60年代以后，在提升产能、规模以及一日州际管理效率的基础上，使产品的成本大大降低，从而赢得了与欧洲的竞争优势。到上世纪80年代以后，美国又在信息高速公路建设和信息化方面抢占了先机，这就是后来他们倡导"数字地球"的的深层因素。

　　童院士强调说，我们在信息化建设方面起步较晚，但是"晚"可以转化为后发优势。上世纪最后几年我们不仅接过了数字地球的大旗，在数字化建设方面加快了步伐，"数字福建"的建设就是一个典型的例证。"数字中国"实质上就是推进我国在经济、社会、科技、文化、生态等各个领域的信息化建设的战略思想。短短几句话，把"数字中国"的概念深深地种入了我的脑海。那是整整20年前的事，今天，"数字中国"建设已经成为党和国家的战略方针，我国已在数字中国建设，如数字经济、电子政务、数字城市等方面都取得了举世瞩目的成就，特别在以全域覆盖的移动通信为支撑的电商走在了世界的前列。好一个北京大学数字中国研究院的院长！您和北大的同事们2004年就率先成立了"北京大学数字中国研究院"，看似好像有先见之明，实际上是对科学和社会发展规律的前瞻性认知。

二、数字工程建设之说

　　2023年4月份，已经是二十年之后了，童院士请我要去广州参加一个国家超大城市重大工程座谈会。同时参会的还有广州大学王晋年教授和国家"高分辨率对地观测系统"应用系统总师顾行发教授。

广州历史悠久，地理位置优越，经济规模超大，座谈会就成为了一场大认知与专精特新细节汇总的头脑风暴之旅。王晋年教授介绍了拟以广州、广东和大湾区服务的"五羊星座"卫星系统的基本设想。但人们还是拿不准这个卫星能够为这个城市、这个省的数字经济和社会发展带来什么样的效益。在王教授介绍之后，童院士发言做了补充："我们国家卫星的设计、制造、发射、管理及运营大体上需要这么几个方面的共性内容。第一，卫星设计要科学合理，在其轨道高度上实施有效对地观测；第二，要把多颗卫星在空间组网运行；第三，卫星要在地球的任何地方能把观测数据传回来。"五羊星座"最大的特点一是专门设计的卫星轨道，提高了观测频率；二是将卫星遥感和卫星通信结合，提高了卫星数据传输即获取能力；三是具有不同电磁波的感知能力，不仅白天观测，还能透过云层实现全天候和夜间对地球观测。卫星可以调查资源，监测环境和灾害，支持智慧城市建设，提高对海洋船舶、海上钻井平台和无人区的通信能力，获得可观的经济效益，可成为城市的新发成长名片。

把一个复杂的问题用几句话讲清楚，一种高屋建瓴式的逻辑概念的画面有了，决策过程就会变得相对容易。王教授和顾教授感慨地给我说。我一下子明白了，台上三分钟，台下10年功的重要含义。

三、数字经济之悟

从数字中国，到数字基础设施重大工程，再到数字经济，这是数字技术与经济研究绕不开的三个关联概念，但它们又横跨三个学科，方法性理论、工程技术与经济学。对我这个经济学出身的学人来说，还真是个挑战。我既不在童院士主研究团队的方向上，我也无法向经济学院的同事们请教（大家多在主流经济学的研究方向上，即使对数字经济有涉猎，也还刚刚开始）。有一次，童老师认真地看着我问："曹教授，你告诉我什么叫智慧？智慧从何而来？"他接着说，实际上人的智慧就是认知和知识的积累，而知识的主要来源就是感知，人的感知绝大部分来自我们的视觉，当然也有听觉、嗅觉、触觉等。人往往会犯错，但能从犯错中吸取教训，所谓"吃一堑长一智"，就是这个道理。我们讲智慧城市，也就是具有感知的城市，能高速传输信息的城市、具有科学分析决策大脑的城市、具有快速反应和处置能力的城市。这一智慧的定义指谓，激发我明白了数字经济概念。在数字技术支持下的联网共享空间中，宏观过程中的微观个体在自然人意义上的行为模式本质上蜕变异形化了——数字技术让人类在自己的主体之外，生成了与人类大脑主体思维过程大体上一样的十四大行为环节序贯包——理念、定位、扫描、成像、捕捉、传输、玻璃体二次标准化成像、视网膜皈化、存储、信息呼叫、场景唤醒、信息配对、绑定分发、行为反馈，是一个与人类主体活动大体上平行的序贯过程，或者说是一种数字孪生。但二者之间在机会成本上是有大差异的。这就是新经济，或者叫数字经济成行的微观行为基础。与好老师或者长辈科学家在一起，你时常会有意外收获，我就是幸运者中的一位。

四、门墙之外：立有一面数字中国研究与建设的学术高旗

童庆禧院士是一位导师级别的学者，不经意之间就教给大家探索未来的启迪方式。2008年，我从云南大学挂职返回北京大学，童院士力邀我到北京大学数字中国研究院。他不失时机地将自然科学范畴的空天地理信息科学与社会科学范畴的经济学综合起来作为数字中国研究的重要方向。在学

校和陈秀万教授等的支持下，我愉快的加入了数字中国研究院并担任了副院长，到今天，在数字中国，主要在数字经济与技术领域，一干已经16年了。

我特别羡慕那些与童院士在学科方向上相同，共同奋斗在空天遥感、地理信息、高光谱、无人机、小卫星、智慧城市等领域的同事们，比如原中国科学院，现在南迁到广州大学的顾行发研究员和王晋年研究员，中国科学院空天信息创新研究院张兵研究员、张立福研究员等；特别感谢在北京大学数字中国研究院给与我帮助和支持的邬伦教授、陈秀万教授；北大数字数控编码与智慧算法中心的任伏虎教授等，他们都处在地球与空间科学研究的门墙之内。我作为一个经济学者，羡慕之余自认我是童先生数字中国领域门墙之外的学生。

近20年，我和童院士麾下的多个科研团队结下了不解之缘。当今，"遥感科学与技术"已成为交叉学科的一级学科，"数字中国"更是成为了党和国家发展的战略方向，数字经济在国家GDP中已接近半壁江山。耄耋之年的童庆禧院士仍然活跃在科研第一线，童庆禧院士是遥感、小卫星、高光谱、数字中国研究领域的开拓者和耕耘者之一，是科研团队建设方面的一面旗帜，我有幸参与了童老师团队的建设并能这个门墙之外以我经济学的知识为团队添砖加瓦深感荣幸。

值此童庆禧老师90华诞之际，谨书此文恭祝童先生生日快乐！

曹和平教授（右一）和他的助手李维（左一）和童院士合影

从遥远感知到紧密追随

——记有幸相识的三十年以献童庆禧院士九十大寿

邬 伦

（北京大学，教授）

最早知道童先生还是20世纪80年代中后叶读研期间阅读文献，了解到对我国遥感有奠基性贡献的腾冲遥感和作为奠基人的童先生。虽然很是景仰，但对那时的我来说，童先生是那么的遥远而不可及。

都说这个世界人与人的关联是六度空间模型，却由于从北大本科到博士的十年同窗任伏虎，我很快就仅通过这一层关联就获得到对童先生的感知。1989年，才华出众的伏虎兄申请提前半年毕业并举行博士学位论文答辩，学科泰斗陈述彭院士为答辩委员会主席，答辩委员会一致同意论文通过答辩，并认为是一篇优秀博士论文，连时任国际摄影测量与遥感学会主席的东京大学村井俊治教授也早就认可了伏虎，并邀请他去做博士后研究，但校学位委员会却因莫名的原因给了个不妙的结论，同意提前毕业离校但不授博士学位，要他第二年再申请学位论文答辩，虽然一年后他另写了一篇博士论文通过答辩，答辩委员会的评价仍是优秀博士论文，终获校学位会授予理学博士，但这是后话，对马上要离校的任来说当时很是犯难，没拿到博士证书东大的博士后一时去不了，国内就业没提前联系也无法确定。关键时刻，时任中国科学院遥感所所长的童先生慧眼识才，破格招收任伏虎到麾下担任GIS室主任，并委以国家重点科技项目课题负责人重任，而且还允诺他以后拿到学位可随时离开出国深造。这让作为伏虎同窗挚友的我，深切感知到了童先生对年青人才的爱护和宽广博大的胸怀。

1997年前后，三十出头的杨开忠教授成为北大有史以来最年轻的系主任之一，担任了城市与环境学系主任兼遥感所长，城环系和脱胎于城环系的遥感所这两个学校二级单位的学术委员会和党委都是共同的，这位"绝顶聪明"的系主任兼所长作出了一个聪明绝顶的决定，邀请童院士担任学术委员会主任，使得作为学术委员之一的我有了近距离感知和学习童先生的机会，却遗憾学委会开会频率不高，一年之中这样的学习机会寥寥无几。

直到2001年北大院系调整，原遥感所与我在城环系创办的地理信息系统专业合并到新成立的地球与空间科学学院，重新组建遥感与地理信息系统研究所，童院士应许智宏校长邀请出任所长，我终于有幸成为童先生的助手和学生，在协助先生开展学科建设、发展规划和日常所务等工作中，尤其是在陪同先生国内外交流的紧密相随行程里，有了全面感知与持续学习的机会，不仅见识到童院士高山仰止的科学水平、明察秋毫的学术洞察、出口成章的表述能力、和蔼谦逊的人格品质、如沐春风的待人风度，更佩服古稀之年尚有：印度洋独木孤舟到中流击水的精神勇气和多瑙河畔探寻维也纳森林秘境的不老童心。

第六届数字中国峰会期间合影
（左起依次为：何昌垂、张宗亮、陈军、王钦敏、童庆禧、梅宏、邬伦）

　　在科学问题上，童先生同样勇向未知不断探索。2004年联合八部委在北京大学成立了全国第一个数字中国研究院，召集香山会议，探讨数字中国内涵与框架，鼓励和支持我组织开展了Chinastar平台及相关技术的研发，并在《中国科学》上共同发表了系列学术论文；作为住建部数字城市专家委员会主任，指导我撰写了与建设部、科技部等部委数字城市主管领导共同署名的第二届中国数字城市大会主旨报告论文。2010年智慧城市刚刚兴起，童先生率先提出智慧城市拟人化的智慧生命体与运行体概念，给了我在这个领域创新发展的思想启迪与不断前行的动力源泉。

　　在我今年进入花甲之时，倍感有幸的是，已过去的光阴中，有将近一半的时间在跟随童院士学习和工作，感知童院士榜样，觉悟做学问和做人的道理，是我受益无穷的人生财富。更高兴的是，很快我会有超过一半的光阴在追随童先生，最期盼的是我也能健康活过90岁，这样我这个老学生才有机会向届时120上寿的童先生拜寿。

睿智为新的战略科学家

陈秀万

（北京大学，教授）

　　我与童先生相识已30余年。多年来，童先生一直是我专业上的引路人、工作上的直接领导。他的睿智聪慧、新思维和战略远见让我受益终生。

　　早在1994年，我在北京大学遥感与地理信息系统研究所做博士后，被单位派往国家遥感中心参加"联合国亚太经社会空间技术和应用促进可持续发展研讨会"筹备工作，在大会筹备过程和会议期间，与童先生的多次接触中，其大家风范就给我留下了深刻印象。1998年我借调到科技部国家遥感中心办公室工作后，得以时常聆听童先生作为中心专家委员会主任的教诲。2001年，童先生应许智宏校长亲自邀请到北大遥感所担任所长，并于2004年创建北京大学数字中国研究院，为北大遥感学科建设和数字中国创新发展呕心沥血二十余载。作为他的助手之一，我与他共事相处，其战略远见和精妙布局常令我醍醐灌顶。2003年，童先生作为专家参加了国家中长期科技发展规划战略研究，并在高分辨率对地观测系统、载人航天与探月工程、北斗卫星导航系统等国家重大科技专项的立项和实施中发挥了举足轻重的作用。2008年汶川"5·12"地震后，童先生心系灾区，领导组建北京市智力援建高校学院联合体，并亲任理事长，参与北京市对口支援什邡市灾后重建，开创了旨在提升灾区长远发展能力的智力援建新模式。

　　童先生为我国遥感科学与数字中国事业发展和北京大学遥感科学与技术学科建设做出了居功至伟的贡献。特借童先生九十寿辰之机，谨对童先生致以衷心感谢和深深祝福。

　　愿童先生健康快乐，幸福安康！

指引年轻人成长的大先生

刘 瑜

（北京大学，教授）

童先生担任北京大学遥感与地理信息系统研究所所长16年，为北大遥感与地理信息科学的发展奋斗不息。自己在上个世纪就久闻童先生大名，但是由于辈分和研究方向的原因，直接和童先生近距离的交流、聆听先生的教诲，则是近十年的事情。

北大遥感所发展过程中，人才队伍建设始终是一个亟需突破的难题。自己在2013年晋职为教授之后，开始基于自己在时空大数据方向的研究工作，申报国家自然科学基金杰出青年基金（杰青）项目。申报该项目的过程是极为磨练人的，开始几年都不顺利，评委们指出了不同的问题，并给出了中肯的建议，但是如何修改完善申请书却颇耗心神，这时我想到了求教童先生，先生多次帮自己仔细梳理申请书，并从学科的高度给出了指导性意见，让自己深深折服于先生深邃的洞察力，他就如一盏夜空中的明灯照亮了我前进的路。在这个过程中，自己也借鉴遥感的理论和学科架构，慢慢形成了"社会感知"这一概念，并构建了相应的理论和分析方法体系。由此，申请书的系统性得以提高，并最终获批。无疑，先生在背后的指导和鼓励是其中重要的因素。之后，先生也多次强调社会感知的意义，并且指出它作为遥感手段的补充，对于构建全面的地理空间观测能力的重要性。2023年，自己在科学出版社出版《地理大数据与社会感知》一书，请先生作序，先生欣然命笔，指出了该书"是我国第一本涉及社会感知的科学论著，也是在这个交叉研究领域的最新探索成果"，这是对于晚辈莫大的鼓励。

2018年6月黉门对话合影

　　先生对于自己个人的指导还远远不止这些，在准备2018年簧门对话期间的建议、在遥感一级学科建设过程中的指导、在自己担任学院行政岗位后的教诲……点点滴滴，都体现了童先生作为遥感领域的大先生，对于后辈的支持。当然我个人仅仅是一个小小的个例，我也深知，领域内受到先生指导、提携的后辈何止十人百人，他是给遥感学科发展照亮的明灯，比如无人机方向、数字中国研究院；更是给年轻学人照亮解决学术方向的明灯。正是由于有先生这样的大家，科研才会进步，学科才会发展，这样北京大学乃至中国的遥感事业才会蒸蒸日上。

　　自己是幸运的，对童先生的感激无以言表，借先生九十寿辰之机，谨致深深祝福。

　　愿先生健康快乐，幸福安康！

2021年北京大学遥感所30周年所庆师生座谈会

大家风范　智者斯人
——贺恩师九十华诞

王晋年

（广州大学，教授）

> 叹艰苦童年，赞学业勤奋，获逆天改命；
> 赴苏联留学，登珠峰试验，开遥感新河；
> 施腾冲遥感，拓光谱成像，建高空机载；
> 推国际合作，树北京卫星，思国家战略；
> 倡高分系统，践数字中国，助商业航天；
> 结累累硕果，培满园桃李，续辉煌人生！

　　人生路上最幸运的事，莫过于能遇到一位言传身教、多才多艺、开放创新、战略思维、尊重学生的老师。1987年从燕园到917大楼，我有幸师从童庆禧院士和郑兰芬老师，到恩师创建的中国科学院航空遥感中心工作，37年来童先生一直是我工作与生活历程中导航之灯塔、指路之明灯，玉壶存冰心，春晖育桃李，谆谆如父语，殷殷似友亲。

　　恩师言传身教。恩师用自己的言传身教，指引我找到工作与生活最好的方式。刚刚工作时，我的宿舍就在恩师办公室的正对面，早上时常我还在床上躺着的时候，恩师已经到办公室上班，让我汗颜，终于改掉我的晚起习惯。有幸时常被安排把恩师的手写稿文件录入计算机，但时常打错字，恩师总是认真耐心修改，让我改掉了求快粗心的坏毛病，同时从恩师手写文稿的字里行间，我学习了很多学校里面学不到的前沿知识。恩师从来都是亲自写本子，直到现在恩师演讲PPT都是自己动手，让我学习至今。恩师培养学生的理念是给学生创造机会，在实践中放手培养学生，坚持"授人以鱼不如授人以渔"，恩师曾经全程设计指导，但信任并放手让我一个20多岁小伙子带队牵头组织了一系列任务，包括带队在塔里木盆地与美国TEXCO和意大利AGIP合作的地面光谱测量试验（1990年）、带队赴日本北海道进行中日钏路湿地高光谱遥感实验（1993年）、牵头组织由近40位专家参与的鄱阳湖湿地高光谱航空遥感试验（1995年）等，在实践中培养了我的组织能力。恩师本人生活简单、勤俭节约，当时带我在国外开会时，为节省费用，曾与我住一个房间。近年来，我在广州工作，恩师一有空就来广州给我指导工作，每次坚决不让我到机场接，八十高龄的恩师直接打出租车到酒店。

　　恩师多才多艺。随口就可以吟一句诗词，唱一首歌曲，说一段幽默，讲一个故事，引一出经典、理一份方案……你绝对佩服什么叫才，什么叫博学精通。恩师是少年运动健将、是美食家、是合唱团指挥、也是创新型战略科学家。两年前我在广州大学我的办公室给恩师报告我的工作计划，听完后，恩师竟随口引用六句古诗词，明示我们要有大格局、大雄心、大战略。跟随恩师几十年，我有幸时常是恩师幽默段子的主人公，开始不开心，后来发现那是在谈笑间指出我要改进的地方，后来成为促进我进步的动力。

恩师开放创新。 20世纪80年代末，恩师敏锐地瞄准高光谱遥感这一当时国际上新兴前沿遥感领域，手把手指导我参与到我国早期高光谱遥感技术探索中，有幸与国际同行在同一起跑线上创新研究，取得了一系列原创性成果，尤其红外细分光谱矿物填图开拓性研究和湿地植被高光谱识别的原创性研究。安排我参与中日、中美、中德、中澳、中法、中意等一系列国际合作与交流，让我开拓了国际视野。带我第一次出国到日本（1989年），让我有机会参与到日本JGI和NASDA的JERS-1卫星模拟评价、中日美塔里木盆地资源成像光谱研究、中日湿地对比高光谱遥感研究之中，为我1997～1998年在日本全职工作奠定了坚实基础。在日本期间，再次见证了恩师的求新创新的特质，我们每天从酒店走到合作单位办公室，恩师要求每天走不同的路线，告诉我"只有走新的路，才能了解得更多"。积极鼓励我在职读他的研究生，我的硕士论文答辩时恩师安排三位法国专家作答辩委员会委员，使我有机会赴法国INRA做访问学者。带我第一次赴美参加国际航空遥感大会，获得会议最佳论文奖。带我第一次赴美访问NASA/JPL，体验美国航天科技创新，安排我赴美国NASA的CIESIN学习，使我有机会后来1996年在CIESIN作访问学者，并获得CIESIN成就奖。带我第一次参加亚洲遥感大会，使得我后来成为亚洲遥感协会的中方代表，并获得亚洲遥感贡献奖。

恩师战略思维。 他是一个开创型战略科学家，很多思想是超前的，很多工作均具开创性，例如"腾冲遥感试验"，"高光谱遥感"，"高空机载遥感实用系统"，"北京一号卫星"，"六五"、"七五"、"八五"和"九五"的国家遥感规划，"早期数字中国"，"中国高分辨率对地观测系统"均留下恩师不可替代的杰出贡献和战略性思维。恩师开创了以我国高技术支持国际合作的先河，20世纪90年代初曾带队赴澳大利亚进行高光谱技术合作，当地报纸刊文"中国高技术赢得达尔文"，这在30多年后的今天也是"梦寐以求"的。在恩师身边期间，一直深受恩师战略思想的熏陶，实际上我回国后所作大部分工作，基本都是在恩师指导之下实施的，包括遥感所的科研管理、遥感卫星国家工程实验室建设、卫星遥感产品标准、高分专项应用系统建设、"光谱地壳"计划、"遥感集市"等。近年来我到南方工作，恩师数十次南下广州，高瞻远瞩，讨论设计了"五羊星座"计划，成为我未来十年工作核心。

恩师理解学生。 当年，恩师曾多次亲笔写推荐信，推荐我到澳大利亚CSIRO、法国INRA、日本千叶大学、加拿大约克大学读博士学位，虽然我自己选择都没去就读毕业，恩师从不抱怨。后来我拿到马赛大学博士学位，恩师很开心"你终于成博士了"。让我感动的是，1997年我决定到日本工作生活时，恩师不仅没反对，反而后来恩师访问日本，带着我太太与女儿到日本，告诉我"工作要努力，家庭也要照顾好，我把小李她们带来了，你们在日本好好过日子"。后来我在加拿大工作期间，2005年恩师多次让郑兰芬老师带话与我希望我回国参与正在推进的新一代航空遥感系统，我没回来，恩师虽然有一点抱怨，但仅仅限于"可惜了失去这个机会"。后来恩师建议推动的国家高分辨率对地观测系统开始启动论证，在顾行发所长支持下，2007年我从加拿大回到中国，他非常高兴，马上说"你刚回来，平时可以用我办公室办公"，每次见面就给我介绍国内近十年的发展状况，以及国家遥感领域战略，希望遥感所未来应在哪个方面创新。后来我有幸成为遥感所副所长，他从未提出任何要求，但涉及遥感所战略问题，从来都是"随叫随到"。几年前，我搞研究所科研成果转化企业发展出了一点状况，他劝我"千金散尽还复来"，让我豁然开朗，并联系安排我到广州大学工作，鼓励我"咱们战略转移到南方发展"。

人言道，一日为师，终生为父，师傅、师父如亲父。跟了恩师几十年，千言万语化作只言片语，先生是世界级的遥感科学家，是我们弟子心目中永恒的骄傲，愿恩师青春永驻。

庆遥感九秩探求不坠青云壮志，
禧高光六旬奋进仍持白首童心。

另特请画家杜伟绘丹青，贺恩师九十华诞。

导师、科学家、院士

田庆久

（南京大学，教授）

20世纪90年代初，童老师时任中国科学院遥感应用研究所所长期间，在童老师带领下，高光谱遥感科研团队开展了中日、中美、中法、中澳等一系列国际合作研究，同时获得一批国外合作机构资助支持的先进遥感图像处理和地物光谱观测等设备，包括由美国地球物理和环境研究公司（GER）研发的红外智能地物光谱仪（GER-IRIS-V）。

GER地物光谱仪可室内、野外两用（如图），光谱范围400～2 500 nm，光谱分辨率高（2～4 nm），机械扫描式光谱采集，数据稳定可靠，代表着当时我国野外地物光谱测量最高水准。该GER光谱仪运达遥感应用研究所，童老师要求将GER光谱仪先放到所长办公室，让当时在读硕士研究生的我次日去所长办公室取光谱仪。第二天我一到所长办公室，就看到一台崭新GER地物光谱仪已经稳稳安装在三角支架上。童老师耐心地指导GER光谱仪安装方法、注意事项以及维护精密仪器的重要性。

GER光谱仪安装和使用手册是全英文的，手册中包括很多专业术语，阅读理解起来还是要费一番功夫。时任所长的童老师，也只能利用晚上安装和调试GER光谱仪，在百忙之中还亲力亲为，现场指导，展现出老一辈科学家严谨的科研态度、浓厚的科研情趣和对学生悉心培养的情怀！

此事让我印象深刻难忘，在科教工作中一直激励着我。我也经常讲给研究生们听，并告诉他们：能成为中国科学院院士，需要高尚特质的精神、情怀和素养！

1995年在法国La Cau辐射定标场，童老师指导利用GER光谱仪观测实验

博学多识　言传身教

张　兵

（中国科学院空天信息创新研究院，研究员）

　　我第一次见到童庆禧老师是1991年春天的一个下午，当时我正在中国科学院遥感应用研究所人事教育处办理研究生入学前的一些手续，当年遥感所人教处就位于中国科学院917大院东南侧的一排平房里，这时走进一位身着西装，有些消瘦，但是步履矫健的中年人，人教处苏顺东老师赶紧给我介绍说，这是童庆禧所长，童老师亲切地和我握了手，印象中他当时马上要出国去机场，临走前安排一些事情。

　　这次不期而遇后转眼到了1993年夏天，在北京玉泉路中国科学院研究生院完成一年课程学习后回到所里，陈正宜老师安排我处理海南岛Landsat卫星图像，这是童老师引入的一个国防科工局"海南岛海岸带遥感调查"项目，我负责其中的海南岛全岛图像信息增强处理。有一天项目组请童老师来看我处理后的图像，在查看过程中，他突然指着海南岛东侧距离岸边七八公里处一条隐约出现的白色条带对我们说，这可能是一个珊瑚礁群，然后就给大家讲述了澳大利亚东北沿海大堡礁的情况，大堡礁可是被列入《世界自然遗产名录》的地球自然奇观，他让我继续做些研究工作，并嘱咐我明天中午到他的办公室取一份有关大堡礁的材料。第二天我准时来到童老师位于917大院西区的办公室，这是一间平房，面积不大，走进去首先映入眼帘的就是墙上挂满了各种遥感图像和专题图，可以想象到，童老师一定经常凝视研究这些挂图，他敏锐的洞察力和宽广的全球视野，让他一眼就辨认出了那条珊瑚礁群。童老师请我坐下后，交给我一份有关澳大利亚大堡礁的英文复印材料，翻阅着给我大致介绍了一些内容，让我带回去好好看看，结合卫星图像做些分析工作，这是我

20世纪90年代与童先生一起参加研究生毕业论文答辩

2023 年与童先生一起参加高光谱遥感学术会议

人生中第一次和童先生单独相处。到了那年冬天，我陪着童老师和陈正宜老师一起前往海口，向海南省政府领导汇报项目进展，这也是我人生第一次坐飞机。后来经过实地考察，卫星图像上那个绵延数十公里的白色条带确实是珊瑚礁，只可惜在过去百年中被当地人大规模采伐用作建筑材料，已经不具备观光价值了，甚是可惜。

1994 年我研究生毕业后荣幸地进入了童先生、郑兰芬老师的课题组，从此跟随他至今一直从事高光谱遥感研究。从 1991 年我与童老师的首次相遇，到 1993 年他对我的第一次面授指导，由此开启了 30 余年给予我的言传身教和关心爱护，我是非常幸运的，此生足矣。

2023 年童先生讲话背景就是"北京三号"卫星图像上的海南岛东岸珊瑚礁条带

童先生生日快乐

张良培

（武汉大学，教授）

    1994年，我报考了李德仁先生的博士生。李先生那时刚从加拿大回来，带回来了一本高光谱遥感方面的博士论文。他感到论文很有价值，也很想找人来做一做该方面的研究。正好，我本人是物理专业背景出生，于是他就安排我的博士论文方向就是高光谱遥感。为了我学得更好，他联系了我国高光谱遥感的开拓者和奠基人童先生来做我的联合导师。所以，我的一生非常幸运，我的博士研究生生涯是由二位世界著名的学术大师来亲自指导。

    童先生指导学生很有特点，总结起来，主要是在以下三个方面：第一，充分给学生的自由度。童先生带博士生不会去给学生出题目，而是提供一些背景资料，让你广泛阅读、理解、思索，自由地选择方向。我刚进研究组时，童先生就交给我一本外文资料，要我翻译出来，正是通过这一过程，我很快就从一个高光谱的门外汉进入了这一领域，熟悉高光谱专业的英文关键词。第二，充分信任学生。童先生对青年人非常放心，放手，无论多么重要的工作都是交给年轻人来担纲，而其中的研究过程，他从不干预。第三，充分的支持。童先生对于学生开展工作，总是从物质、生活等方面提供充分的支持，满足研究生各种科研的条件，这样可以让学生心无旁骛地开展工作。在我的研究生导师执教生涯中，我基本上就是照抄了他老先生的作业。

    童先生是一个妙趣横生、十分幽默的人，每当大家一起聚餐时，他老先生总是谈话的中心，话事人，他经常能够讲一些很有趣的故事，妙趣横生，让人捧腹大笑，获益匪浅。童先生还是一个非常谦逊低调的人，坚守原则。我从来没有见过他自我表扬，他总是谈到别人如何优秀。这是非常难能可贵的。

    童先生不仅是我的恩师，也是我一生学习和追赶的榜样。

2015年与童老师等参观陕西省历史博物馆

从对童庆禧院士的称谓变化说起

张立福

（中国科学院空天信息创新研究院，研究员）

　　童庆禧院士2001年起受聘担任北京大学遥感与GIS研究所所长，我于2005年武汉大学博士毕业，在北大遥感所从事博士后研究，有幸跟着童庆禧院士见证了中国早期的无人机遥感事业。北大遥感所的老师们普遍尊称童庆禧院士为"童先生"。受此影响，我也开始习惯性地以"童先生"称呼童院士。

　　"先生"一词最早出现在《论语》，起初用以指代父兄和长辈。随着时间流转，它逐渐演变为对知识渊博、品德高尚者的尊称，象征着智慧与道德的尊贵。因此，我将童院士尊称为"童先生"，这是对其学问与成就的崇拜和敬意。记得最初向童先生请教问题时，是在贵州的一次无人机飞行实验期间。由于当时无论是航空还是卫星高光谱数据都极为缺乏。这促使我萌生了一个想法：能否利用多光谱数据重构出高光谱数据？这一思路也是延续我的博士研究方向，在当时尚属首创。我向童先生请教了这一方向的可行性以及未来应用前景。童先生告诉我，他的一个研究生徐建平已经开始探索如何通过彩色胶卷底片重建光谱信息。他建议我查阅相关的研究生论文。虽然这篇论文我在多年后才找到，但童先生在科学研究上的前瞻性给我留下了深刻的印象。2007年10月，我从北京大学博士后流动站出站后，加入了中国科学院童先生的高光谱遥感研究团队，并协助指导童先生的博士生刘波，发表了一篇关于利用EO-1多光谱数据重建高光谱数据的论文。这一研究方向如今已成为高光谱研究领域的一个重要分支——计算光谱学。

　　来到中国科学院遥感所后，我发现这里的师生们都习惯称呼童院士为"童老师"。我也随之改口，称呼童院士为"童老师"。"老师"一词，意指传授知识、教导学生的人，最早出现在《史记·孟子荀卿列传》中。从童先生到童老师，表明我跟童院士的关系更加亲近了，加入童老师的高光谱遥感团队已有16年之久，我对他的称呼已习以为"童老师"，几乎忘却了"童先生"的称谓。也表明我们的关系经过时间的考验，成了亦师亦父的关系。童老师做科研的前瞻性和工程化的思维，以及勇于大胆尝试新事物的创新精神，对我在中国科学院高光谱遥感团队的科研之路影响深远，童院士很多事情都喜欢亲力亲为，我其实也是这样的人，我很喜欢做些小发明小创造，中学期间化学、物理课中学到的知识，我都会自己做实验，制作各种装备，实验设备和电子器件等，这点可能也是继承了我父亲的遗传吧，我从童老师身上，我似乎也看到了父亲的影子。

　　在中国科学院遥感所，我的高光谱遥感研究从航空无人机遥感转入地面成像光谱遥感，在童院士、薛永祺院士的带领下，高光谱遥感团队研发了国内首台地面成像光谱仪。之后，我们陆续对设备进行了升级改造，我有幸带领高光谱遥感团队老师和研究生们，开展了大量基于地面成像光谱仪的跨学科创新研究，从近地面遥感测量，到食品安全、考古、文物坚定等等，发表了大量科研论文。之后，我们还响应国家号召，开展高光谱技术的产业化落地工作，研发了水质在线检测光谱系统，润滑油智能检测光谱仪，文物高光谱扫描仪，司法鉴定高光谱扫描仪，医疗针探高光谱仪，以及系列便携式手持光谱仪，童老师对我们产业化的做法非常肯定，鼓励我们解决卡脖子问题，一定要把科学数据的获取问题掌握在我们自己手里。

针对我们研发的水质光谱监测设备，童老师建议我们不要用传统的遥感的辐射传输思维做产品，要结合水质特性，利用吸收光谱，特别是紫外谱段研究水质参数，因为一些重要的水质参数，例如总磷、总氮、氨氮等，都是光学非活性物质，基于遥感的反射光谱理论是行不通的。童老师经常跟我讨论研发各种创新的仪器设备，建议我们研究开发荧光光谱装备、质谱装备，以及激光诱导光谱检测设备，显微高光谱设备，这些设备可以解决传统方法无法解决的一些问题。如今，我们正沿着童老师给我们指出的方向，快速研发各种仪器装备，并进行产业化推广，有的产品还走出了国门，在国内外同行产生了一定的知名度和，致力于为美丽中国建设做技术支撑。

回顾这些年，在童老师富有远见的指引下，我们的研究团队取得了一系列有影响力的成果。这些成绩的取得，离不开童老师为我们指明的方向。同时，童院士称谓的变化，从"童先生"到"童老师"，也在某种程度上影响了我的发展轨迹。如果没有这样的变化，也许就没有今天的我。

2024年摄于中国科学院空天院奥运园区碧桃树下

童老师指导张立福修改论文

与童老师、薛永祺院士和杨一德研究员会后叙谈

春风十里不如一路有您

张 霞

（中国科学院空天信息创新研究院，研究员）

自1998年加入童老师团队以来，不觉在他身边已经工作、学习超过25个年头了，深受童老师的教诲与帮助。童老师在忙于国家遥感大业的同时，也不忘关心他人。犹记得，在中国科学院遥感应用研究所进入知识创新工程后，童老师有天突然问我："有没有涨工资呀？"那时我资历尚浅，还不太敢提这事，但得益于他的过问，不久我就涨工资了，可谓真正得到了"大实惠"，以后更得踏踏实实潜心科研啦。

跟童老师出过几次差，一般都是他轻松自如地推着拉杆箱，我们想帮忙却没有机会，倒是得到他不少照拂。最难忘2008年跟随他和郑兰芬老师一起去日本千叶学术交流，冬春之交乍暖还寒，我们三人的行李箱都比较重，在一个过街天桥前，我正犹豫怎么帮郑老师搬箱子，童老师已经两手各拎一个箱子，健步如飞地上了天桥，72岁童老师身手之矫健令我既钦佩又惭愧。因为第二天有我一个学术报告，童老师当晚召集郑老师一起帮我改PPT，并纠正了我几个单词的发音，吾师严谨如此，让我好生感动。我的学术报告题目是"Cropping pattern classification using MODIS VI time series"，将植被指数(VI)在时间维展开，在VI时谱上开展作物信息提取，这是童老师悉心指导我开展的研究工作，也是在这一思路引领下，我申请到了自己的第一个国家自然科学基金项目，发表了第一篇英文SCI论文，非常感恩童老师对我富有前瞻性的学术指引。

在这次日本交流期间，我们三人独自外出吃饭时，童老师便负责点餐，只用简短几句日文就能沟通明白，而他没有专门学过日语，语言天赋非凡！从住处到会场经过一处和服商店，透过橱窗我们驻足片刻，看我感兴趣，童老师说："小张霞，我帮你P一张和服的照片吧"。没过几天，童老师便发给我一张身着和服的照片，简直天衣无缝，看不出P过的痕迹，真让我佩服得五体投地。当时可用的专业软件也就Photoshop，我本人也算运用得比较熟练，但是要P出这样的照片，我连想都不敢想，吾师之图像处理功底何等了得！

童老师身上仿佛藏着许多神功，随时可以给我们露一手。他又是如此博学谦和，让我如沐春风。能在童老师门下受教，真是三生有幸！一朝沐杏雨，一生念师恩。春风十里不如一路有您！祝童老师永葆青春活力！

2008年与童老师、郑兰芬老师在东京情报大学学术交流时合影

2016年与童老师参加亚洲遥感大会（ACRS）学术交流

遥感研究的领路人

刘良云

（中国科学院空天信息创新研究院，研究员）

第一次见童老师是在2000年9月在四川省成都市召开的第十二届全国遥感技术学术交流会。20多年前的学术会议很让人怀念，是一段美好时光。

大会第一天，童老师做了第一个大会报告，题目是"面向二十一世纪的遥感"，童老师在台上热情洋溢地讲了半个小时，而我作为中国科学院西安光机所光学仪器专业的博士生小白，第一次听到遥感方向国家需求和国际前沿结合的大报告，埋下了了一粒种子"遥感很有用、遥感很重要"。我心中这粒小小的种子，在后面的20多年生根发芽，茁壮成长。我现在越来越坚信"二十一世纪的遥感是国家重大需求"，而这正是童老师2000年报告中的主题；而且我也自觉地认为，发展遥感学科就是我们自己的责任，不敢懈怠的责任。

大会的第二天，我做了"计算机层析成像光谱仿真与实验"的分会报告，特别幸运，被大会评选为12篇青年优秀论文之一。大会第三天的闭幕式上，童老师等几位院士和领导给我们青年获奖人颁发了证书，我的证书就是童老师亲自颁发的。这是我第一次在全国学术会议上获奖，在台上的我特别紧张，不知所措时迎来了童老师的微笑，童老师轻声地鼓励特别有亲和力，握手也特别的温暖，我很快就由紧张转为了欢喜。

大会结束的3个月后，童老师就成了我的博士后导师，以后我的一步步成长，都有幸得到了童老师的指引。我也陆续获得了优青、杰青以及杰青延续资助项目，知晓消息后，我总是第一时间跟童老师汇报，每一次都如愿得到了童老师的表扬和鼓励。

值九秩荣寿之际，祝我们的童老师永远青春与健康，一直引领我们、引领我们遥感学科砥砺前行！

2019年与童老师参加研究生学位论文答辩会合影

学识渊博 诲人不倦

熊 桢

（21AT Canada Inc.，Remote sensing software development manager）

20世纪90年代末，我有幸作为童院士的学生，在高光谱研究室度过了三年难忘又快乐的美好时光。时光荏苒，岁月如梭。遥想当年，许多事情仍然历历在目，至今记忆犹新。

童老师治学严谨。当时我们高光谱研究室承担多项科研项目，我们经常要参与项目报告的撰写。童老师对这些报告每次都要认真审阅，连格式、标点符号、字体都有严格要求。因此我们撰写的报告很少有一次成稿的。记得有一次同事撰写的一份项目文档，修改了几次都没有通过童老师的审核，她非常着急，特意在修改完后请我们帮着把把关。

童老师具有惊人的语言天赋。我们知道童老师毕业于苏联敖德萨气象学院，能说流利的俄语。记得第一次见到外宾来参观，童老师用十分流利的英语向客人介绍实验室的研究，令一旁的我十分吃惊。要知道当时能与外宾用英语交流的教授并不多，何况童老师是学俄语的。后来我还得知，童老师能说一口流利的日语。

2001年我和童老师都参加了在新加坡举办的"亚洲遥感会议"。有一场会议由童老师主持，整场会议大概有七八个学术报告，涵盖多个不同的领域，大多数我都不熟悉，听不太懂。令我吃惊的是，在那场会议上，童老师对每一个报告都做了十分专业的点评。

尽管工作非常繁忙，童老师对学生的关怀总是无微不至。我们每个学生在论文选题、开题、到结题、撰写论文、送审、答辩的各个环节童老师都安排得井井有条。记得我的论文要送审时，童老师把我找到他办公室，拿给我一张纸条，上面整齐地写着几位评阅老师的姓名、地址和联系电话，叮嘱我要先与对方联系好，再去送论文。还告诉我某位老师最近几天开会，让我晚上把论文送到那位老师家。

尽管几十年过去了，童老师渊博的学识，对学生的谆谆教诲，无微不至的关怀，一幕一幕仍然不时地闪现在我的脑海，激励着我，鞭策着我，成为我工作和生活中的强大动力。

远见卓识的探索者与践行者

陈正超

（中国科学院空天信息创新研究院，研究员）

在我心目中，童老师不仅是一位杰出的遥感科学家，更是一位具有前瞻性眼光的探索者与践行者。20多年前，当全球小卫星技术还处于起步阶段时，童老师就凭借其深邃的洞察力和科学直觉，提出了发展小卫星的设想；还进一步指出，发展小卫星必须走商业化路线，为此童老师亲自参与了中国第一个业务型商业小卫星"北京一号"的设计与研制。

我也正是因为幸运地通过参与小卫星这件事荣幸地成为童老师的亲传弟子。我第一次见童老师是2001年4月18日下午，我清晰地记得，那天童老师全面总结了国内外遥感发展的现状和趋势，深入分析了当时中国遥感事业的困境与出路，强调公司发展空间信息业务重在落地应用，建议通过搞商业化小卫星实现技术与应用创新。后来，童老师还通过各种渠道与国际小卫星领头雁英国萨瑞大学联系，亲自赴英国考察、技术研讨、商业谈判等，最终促成实现二十一世纪公司与萨瑞大学达成合作协议。这个过程中，我荣幸地被童老师收为弟子并安排负责"北京一号"在轨测试。伴随"北京一号"的成长，我也实现了人生中的各项第一：第一次出国、第一篇论文发表、第一次作为技术负责人带领团队开展科研……在以后多年里，在童老师的言传身教下，我逐渐成长为一名专业的科技工作者。

回首过去，我感激童老师不仅为我个人打开了遥感科学的大门，更为中国航天事业的发展开辟一条新道路，通过童老师的指引与践行，也促成了当前我国商业航天的繁荣。

2005 年与童老师一起参加印度洋海啸苏门达腊海域 DMC 小卫星数据交接仪式

弘毅自强创基业　大家巨匠名天下

卫　征

（中国遥感应用协会秘书长，研究员）

　　时光荏苒，岁月如梭，九十春秋挥手去，耄耋之年铸丰碑。自2002年在杭州与先生相识以来，已经历22个年头；先生22年来的谆谆教诲、切切指导和关爱提携、奖掖后进，让我不断成长、受益终身。

　　先生是实干的，珠峰科考、航遥九州，在艰苦创业的岁月中，务实求真、攻坚克难，练就了高超的动手与应变能力；先生是创新的，抓住机遇、勇闯新路，在改革开放伊始，就把舵定向、锐意进取，开创了我国高光谱遥感事业；先生是"时尚"的，与时俱进、孜孜不倦，在新时代的进军中，紧跟前沿、兼容并蓄，不断推进遥感在数字中国、智慧城市等领域的创新发展。

　　先生是科学大师，探究物理、聚焦波谱，组织突破高光谱导数模型、混合光谱分解等关键技术，使我国高光谱遥感迅速跻身世界前列；先生是管理大拿，综合统筹、组织协调，很好团结各方建成具有国际先进水平的"高空机载遥感实用系统"，并形成系列国家重大科技专项；先生是教育大家，心系青年、热心公益，创办的青年遥感辩论会发掘了大批优秀人才；先生是产业大咖，重视应用、促进转化，积极支持企业面向需求大力发展商业遥感卫星，并推进遥感数据的产品化、标准化与业务化服务，为我国遥感产业发展奠定了坚实基础。

　　此致先生九十生辰之际，愿先生身体安康、万事如意！

2023年与童老师在第七届全国成像光谱对地观测学术研讨会上合影

真正的"工作"餐

吴传庆

（生态环境部卫星环境应用中心，正高/综合部主任）

　　1999年本科毕业，硕士面试时，凭借我对未来月球遥感的美好畅想打动了童先生，有幸在他的指导下开始了高光谱遥感学习和研究工作。我读研究生时他已经64岁，选入中国科学院院士多年。每天工作繁忙，很多国家层面的科研项目都需要他策划、主持和组织实施，同时还要指导5名博士生和3名硕士生。虽说老先生身体强健、精力旺盛，只是人的一天时间就24小时，除了工作、睡觉、开会和开会路上，剩下时间更少。要说老先生就是脑子灵活，办法总比困难多。为了节约时间，童先生就在用餐时间上做文章，让工作餐成为真正的"工作"餐。

　　为了节省时间，童先生的多数中午餐为办公室里的一碗方便泡面，这样省去了来回时间，避免了沿途各种无意义的人情事务交流。在日程安排不紧的时候，童先生就组一个研究室的工作餐饭局，在吃饭同时对室里的工作进行指导。在饭桌上，童先生给大家讲讲近一段时间他的所见所闻，国内外学科的进展情况，那时的互联网还刚刚起步，世界还未成为"地球村"，通过童先生的讲述，我们可以最快的方式知道"村里面"遥感领域的顶层事件。桌上的每位同志也边吃边汇报一下自己的研究进展，遇到哪些问题，于是童先生就举着筷子进行指点，其他的师兄弟姐妹们，有些咀嚼着口中的饭菜，有的喝着杯子里面的饮料，一起帮忙想办法。

与童老师等餐叙

　　中国人天生内向，但在饭桌上酒肉的刺激下，最容易开动思维，打开话匣子。作为学生的我们最喜欢童先生的"饭桌文化"，饭桌上的话题不光有严谨的学术问题，也有某些学界历史人物或学者的新闻野史，不光有老师们身处国外第一线的亲临感受（那时出国还不像现在这么普遍），也有国内社会和生活上的活泼话题。不但打牙祭了，还亲耳聆听着老先生和其他老师的教诲和真知灼见，吸收着师兄弟们的聪明才智，可谓一举多得。

　　对于饭桌上的菜肴，我们与童先生一样，记忆中永远难忘的是老范师傅的功夫鱼，是否吃过老范家功夫鱼，已经被认为是老牌遥感所毕业生的身份标志。这道功夫鱼是以重庆水煮鱼制作工艺为基础，香而不腻，麻而不辣，鱼肉嫩而不碎，成为我们工作餐的必点之菜。比功夫鱼更难忘的，是童先生组织的工作餐，因为这样的工作餐才是真正的工作餐。

　　在童庆禧院士九十华诞之际，弟子传庆在此送上最诚挚的祝福。愿他的人生如同璀璨星辰，继续闪耀着智慧与光芒；愿他的学术精神永远传承，激励着更多的人追求真理。

科研引路人与师范传授者

胡方超

（南京信息工程大学大气物理学院，副教授）

我从2004年秋季到遥感所入学读博士，工作至今，差不多也有20年了。每每想起，很是怀念在北京求学的那段日子。

至今我还清楚记得我博士入学后不久，童先生与郑兰芬研究员就对当时刚发射不久美国对地观测系统EOS系列中的第三颗星AURA化学星，指导我对该卫星上高光谱载荷OMI、MLS等进行相关调研的情景。当时的形势和后面的发展，使我深切感受到童先生对高光谱的新技术、新方向上敏锐的洞察力。正是如此，十几年后我国的气象卫星和环境卫星等上面均有类似的对大气探测的高光谱载荷的出现。由于有了这方面的训练，使我特别对新卫星上新仪器载荷的发展比较敏感。在2012年在美国作访问学者的时候，那时取代美国国防气象卫星DMSP上携带OLS传感器的Suomi NPP卫星刚发射不久，它上面携带VIIRS传感器上就有一个能进行微光定量遥感DNB通道。这使我对夜晚气溶胶遥感的卫星和地基遥感反演产生了浓厚的兴趣。

毕业后，我每年的几个节日问候，总是能收到童先生的热情回复，更还在电视及网络上常常看到童先生不顾高龄，给全国青少年做遥感科普讲座，我也在学习中感受到童先生浓厚的爱国、报国情怀，和对青年学子们的殷切期望。尽管学生我可能在科研上做不出太大的成就，但我做为一个曾经的高中教师，如今的高校教师，更能要守住做教师的初心，为国育才，希望能把先生的精神代代相传。

在今年童先生90岁的寿辰之际，我想献上学生最诚挚的祝福：祝您生日欢乐，健康长寿！

2007年博士学位论文答辩后与童老师合影

人生路上的明灯

高连如

（中国科学院空天信息创新研究院，研究员）

　　人生道路漫长蜿蜒，时而开阔平坦，时而曲折荆棘，与童老师的结缘恰是在我处在迷茫和彷徨的时期。我本科就读土木工程专业，经年的学习并未使自己沉迷其中，反而意识到自己的未来并不在这个专业领域。那时的我对于新技术有更浓厚的兴趣，有了换专业从事科学研究的大胆想法。我本科学习时接触到了测量学，对于其中介绍的先进遥感技术产生了莫名的向往，于是在免试推研阶段鼓起勇气到中国科学院遥感应用研究所，尝试是否能有机会到这个国立机构深造。很幸运，在教育处引荐下见到了童老师，在敲开他办公室门的一刹那，看到童老师正带着几位年轻的老师和学生围坐在桌子前埋头分析一张遥感图像，我的闯入立时打破了办公室里专注研讨的氛围，童老师抬头用清亮的眼眸看着我，瞬间犹如暗夜里一盏明灯散发着绚丽的光芒照进了我的内心。听完教育处老师的介绍，童老师简单问询了我的基本情况后就把我拉进了讨论组。虽然我当时对于专业技术一窍不通，但是看着童老师耐心引领大家，一会儿头脑风暴式地提问，一会儿倾听并解答问题，他总能激励大家发挥创造性，挖掘出每个人言语里的闪光点，并能促使我们要逻辑缜密地思考。我虽然是旁站学习的小白，但是这一经历让我坚定了要跟随童老师学习深造的想法。童老师会后与我进行了详谈，虽然我的专业基础薄弱，但是他告诉我千里之行始于足下，是否坚定信念和努力前行才是能否取得成功的奥秘。那一天正好赶在中秋节，童老师还邀请我参加了所里组织的聚餐活动，那一刻感受到的不只是在黑夜里遇到了指引我前行的明灯，同时他散发的光芒也让我拥有了家一般的温暖。师者，所以传道受业解惑也，在童老师的身边我学习的不仅是专业知识，他对科学的热爱和执着以及对晚辈无微不至的关爱和悉心教诲，都在我这一生中值得不断去学习。童老师的那盏明灯一直在我心里点亮，照耀着我不忘初心、坚定信念、勇于创新、追逐梦想！

2021年9月童老师受邀在珠海指导中国商业高光谱遥感发展时合影

科研路上的灯塔

李俊生

（中国科学院空天信息创新研究院，研究员）

2002年，我考取中国科学院遥感所的硕博连读研究生，进入了童老师领导的高光谱遥感大家庭。20多年来，在童老师的关怀和指导下，我在科研上不断成长；童老师的言传身教，让我学到了很多做人、做事、做学问的道理，是我科研路上的灯塔。

童老师教导我们要保持乐观主义精神。当我们向童老师汇报我们遇到的一些眼前的困难的时候，童老师鼓励我们要乐观，眼光要放长远，要考虑可以为国家做什么贡献，不要纠结于眼前的小困难。童老师还引用了一首古诗来表达心意，虽然这首诗已经不记得了，但是童老师豪迈的气势、坚定的神情深深地鼓舞了我。科研路上即使遇到各种挫折，我也要乐观、坚定的走下去。

童老师指导我们做科研要勇于创新。2011年，我们团队主办全国水色遥感大会，童老师为大会作了非常精彩的特邀报告。我现在还记得，童老师期待我们能够在水环境遥感监测的基础上，向模拟和预测方向突破。经过十几年的积累和努力，我们终于在预测方面前进了一小步，初步响应了童老师当年的号召。我会继续要求自己不断走出舒适区，努力尝试新东西，争取做出更创新的成果。

2024年与童老师在第一届全国遥感地理大会合影

童老师给我们示范了强健体魄的重要性。童老师八十多岁仍然精力充沛，在天津的一次会议上，童老师为了节省时间，一步迈上半米高的讲台；童老师还坚持做科普教育，到空天院的职工子女夏令营给孩子们讲授遥感知识，我女儿也有幸当面向童老师请教问题，科研的火种传到了下一代。身体是革命的本钱，我要向童老师学习，锻炼强健的体魄，努力为祖国健康工作50年。

最后，我衷心祝愿童老师九十岁生日快乐，不断见证我们高光谱遥感大家庭每个弟子的茁壮成长和中国遥感事业的蒸蒸日上！

与时偕行　师表垂范

张文娟

（中国科学院空天信息创新研究院，研究员）

初次见到童老师是在2002年的秋天，正值保研面试前夕。与我同行的还有两位同窗，我们一同来到课题组报到。记忆中，童老师正埋头工作，但见到我们立刻搁置手头的繁忙，细致询问我们的学习背景、科研兴趣等，言谈中透露出对年轻学子的深切关心。及至午时，童老师亲自安排午餐，生怕我们在陌生环境中有所不便，这份细腻关怀让我深切体会到了师者的温情。由此，我踏上了在高光谱大家庭中的科研之旅。

2007年之夏，助理教师因家里迎来新成员暂时休假，我因此有机会协助童老师处理日常事务。这段时间内，童老师办公室内文件资料的分类摆放让我印象深刻，这些细微之处的严谨与秩序，让我潜移默化中学习了如何养成严谨的科研态度与高效的工作方法。毕业后我进入航空遥感中心工作，才了解到童老师还主持了从美国引进并改装两架高空高速"奖状"型遥感飞机，构成了我国第一套也是当时最先进和规模最大的航空遥感系统。2022年在"先进航空遥感技术"学术报告会上，童老师非常生动地讲述了航空遥感的发展，一个小时的精彩报告，亲自制作精心准备的PPT不仅紧贴科研动态，更身体力行地传递了"终身学习"的不懈求知精神。

时光荏苒，昔日老师眼中的小家伙、小姑娘，也已肩负传道受业解惑之责。老师对科研的炽热之情以及对青年学子的深切关怀，成为内心永恒追求并力求践行的高尚典范。

2024年与童老师一起参加项目研讨会合影

永不服输的男儿精神

刘 波

（南京信息工程大学，副教授）

"桃李不言，下自成蹊"，童老师于我不仅是专业授业恩师，更是人生精神导师。每每遇到困难挫折，我总会想起他那身上永不言败的精神。从动荡年代的童年"求"学到留学归来珠峰问天，从高光谱遥感事业拓荒再到今天老骥伏枥，人生激荡鬓毛虽衰但一以贯之不变的是永不服输的男儿精神。

记得他将我国第一套地面成像光谱系统交由我开展创新探索研究的时候，习惯了"卫星遥感"思维的我第一次遇到这种超高空间分辨率高光谱数据竟一时有些不知所措，颇有些无从下手的感觉。童老师便以他个人经历为例，告诉我搞科研就要有一股"撞南墙"的拼搏精神，遇到了"南墙"并不可怕，而是要有敢于挑战的勇气，"南墙"也许多撞几次就开了口子，反而变成通往柳暗花明的新径。受到鼓舞的我后来带领师弟们设计了系列实验，扛着仪器奔走于田野之间，闷热的广西夏夜里光着膀子测量数据，最终成功地提取了喀斯特抗旱作物的红边位移图谱和超高空间分辨率植物器官尺度荧光时空变化信息，看到研究结果后的童老师露出了欣慰的笑容。这虽然只是他指导我科研活动中的一幕平凡场景，但他的言传身教恰如细雨润物无声，这种"永不服输的精神"在我心目中早已悄悄生根发芽。

永不服输的"硬汉"却也不乏"长者之慈"与"侠骨柔情"。毕业后我总结研究结果向他提出了围绕地面成像光谱系统的"产学研"建议，他很快回了一份长长的邮件约我详细汇报，建议撰写相关论文介绍这一新领域态势，末了不忘叮咛我一向瘦弱要多加注意身体。得知我那时正在西藏开展野外实验，他饱含深情地回忆了当年珠峰科考的种种经历，让我"代他向那片热土问好"，依稀之中我仿佛看到了那位永不服输的青年在珠峰之巅攀登的身影……

2010年博士毕业答辩会后与童老师合影

为学生系好科研第一粒扣子的人师

黄长平

（中国科学院空天信息创新研究院，研究员）

我出生于江西吉安的一个农村家庭，受90年代打工潮影响，当时村里很多小伙伴梦想仗剑走天涯，"流行"辍学去沿海城市打工。我个子矮、胆子小，只好留下继续读书，但儿时的梦想却是长大成为一名拖拉机司机，希望在小镇上闯荡江湖。时过境迁，如今我已从一个羞涩的寒门学子成长为中国科学院的一名研究人员。让丑小鸭变天鹅，为我梦想插上翅膀的贵人正是敬爱的导师童庆禧院士！

经师易求，人师难得。童老师是为我系好科研第一粒扣子的人师。我于2008年考入中国科学院遥感应用研究所，在研究生处的推荐下有幸师从童老师硕博连读。初涉科研领域且在大咖云集的院士团队，难免心生自卑而不自信。庆幸的是，童老师深谙鼓励育人之道，我的科研之路就是得益于童老师一次次精准而有效的鼓励与指导。2010年初出茅庐的我抱着试试的心态，第一次申报了研究生所长创新基金（所长奖学金），得知项目获批后我第一时间给童老师邮件汇报，2小时后便收到童

2019年8月童老师受邀调研学生家乡江西吉安时在井冈山合影

老师的回复："小黄，你好！首先要祝贺你获得2010年遥感所的所长奖学金，奖学金虽然不多，但我相信这可能是你人生中的第一次，它将对你产生很大的激励作用，望你以此作为起步向更高的目标迈进。以地面成像光谱仪这种超高空间和光谱分辨率影像为基础研究混合像元问题很可能至少在国内是第一次，希望你能把握这个机会，在创新上多下功夫，做出好的成果！再次祝贺你！童"。正是童老师这封回复迅速而又充满认可与鼓励的回信激发了我的科研热情，更重要的是，极大地鼓舞了我的创新自信与勇气。一年后，在童老师的悉心指导与鼎力推荐下，我向更高目标迈进，又获得了2011年中国科学院研究生科技创新资助专项，结束了遥感所连续5年未获该专项的历史，我也是遥感所当年唯一获资助者。博士毕业后，我有幸继续留在童老师身边工作，每次遇到困惑不解时，仍习惯不分白天黑夜甚至周末给童老师打电话或当面请教，童老师一如既往都会在第一时间关心指导并持续鼓励。

一晃入师门16年，童老师即将迎来九十华诞，而我也将步入不惑之年，回顾我的点滴成绩，莫非师恩。在我心中童老师不仅是学识渊博、德高望重的大科学家，更是一位和蔼可亲而又谦逊无比的师者榜样。千言万语难以穷尽心中感激之情，我想最好的致谢莫过于谨记恩师教诲"以志求学、以学成才、以才致用、以用报国"。衷心祝愿敬爱的童老师健康长寿、童心飞翔！

2024年童老师指导学生修改新编专著《世界棉花看新疆》

人生路上的灯塔

尚　坤

（自然资源部国土卫星遥感应用中心，正高级工程师）

与童老师初次相识是在2005年秋天，当时大一的我有幸在北大地学楼聆听童老师做的高光谱遥感学术报告。面对一张张稚嫩懵懂的脸，童老师由浅入深地介绍了高光谱遥感的原理、应用场景以及发展，从中国白菜与日本白菜的识别，到80年代的大飞机实验。童老师生动风趣的讲解让我对高光谱遥感充满了好奇与期待。

2008年秋天，准备保研的我直接联系了童老师，当时我略带紧张地坐在未名湖边的长椅上给童老师打电话，但童老师非常和蔼，平易近人的话语让我瞬间就放松了下来。面对面交流时，童老师在了解我的情况之后，也非常详细地向我介绍了高光谱组的主要研究方向，并邀请我来所里，还在我粉色的小本子上留下邮箱以及实验室老师们的电话。虽然当时是第一次与童老师近距离交流，但却感觉非常亲切。于是，2009年，我有幸正式成为了童老师的学生。

尽管工作十分繁忙，但童老师还是会经常关注我的学术进展，无论是我硕转博迷茫时，还是毕业选题纠结时，童老师都会第一时间为我指点迷津。2014年毕业走上工作岗位以后，童老师也一直用睿智的思维点拨与解答我面临的种种新的困惑。

时光荏苒，从2005年刚入学北大，童老师为我启蒙高光谱遥感，到2009年本科毕业、2014年博士毕业，再到2022年的黑土地土壤关键参量高光谱反演技术成果发布，童老师见证了我一点一滴的成长和人生的重要里程碑。感恩童老师十几年来的悉心指导与帮助，我也将努力奋进，为我国高光谱卫星事业的发展贡献更大的力量！

师恩领航：童老师见证学生的成长轨迹

子图1　遥感方向的学术启蒙；子图2　本科学位的亲自授予；子图3　博士毕业的温情祝福；
子图4　成果发布的悉心指导

童心　同心

姜海玲

（吉林师范大学，副教授）

回想起初次见童老师，已过十年又四载。我眼中的童老师，关注年轻人喜好，永葆童真之心。

诚如《孟子·离娄下》所言："大人者，不失其赤子之心者也。"我眼中的童老师，关注学生们成长，与我们同心同行。正可谓"师者匠心，止于至善；师者如光，微以致远"。

读书时，我们着迷于获得最佳流行音乐演唱奖的周杰伦，童老师就以自己的方式为我们演绎流行正当时的《菊花台》。"梦在远方，化成一缕香，随风飘散，你的模样……"，追光青年的跃动音符，演变成童老师予我们的深切勉励。不忘初心，坚守本心，逐梦致远，向新而行。

"You raise me up so I can stand on mountains"，师生共聚，童老师深情演绎，胜过千言万语。"You raise me up"，那声音，常在耳畔，念念不忘。工作、学习、生活，童老师默默与我们同心同行，"I am strong when I am on your shoulders"，一次次坚实的托举，厚重而有力量。愈是艰难困苦，我们愈是生发挺膺担当的勇气。

难忘图书馆前，36℃高温，您坚持身着导师服与我们合影；难忘长春疫情肆虐之时，您细致入微的关切，温暖充盈于心；难忘取得进步后，您溢于言表的喜悦之情，是认可，更是鼓励；每年参加学术会议，您与我们"围炉夜话"，不同城市的咖啡亦变得难忘……

今值导师九秩华诞，九十韶华，踏遍青山人未老。高山仰止，景行行止。古人有高德者则慕仰之，有明行者则而行之。高山则可仰，景行则可行。借用鲍勃·迪伦Forever Young中歌词——愿您永葆"青春"，愿您身心欢愉。

致敬吾师！祝福吾师！

葳蕤繁祉 延彼遐龄——敬贺恩师九十华诞

参考文献

陈述彭，童庆禧，郭华东.1998.遥感信息机理研究.北京：科学出版社.

李德仁，童庆禧，李荣兴，等.2012.高分辨率对地观测的若干前沿科学问题.中国科学：地球科学，42（6）：805-813.

林元章，童庆禧，项月琴.1975.珠穆朗玛峰地区微量水汽对太阳辐射的吸收.珠穆朗玛峰地区科学考察报告：
    1966—1968 气象与太阳辐射.北京：科学出版社，141-147.

潘云唐.2003.童庆禧院士——从优秀体操运动员到遥感权威.中学生科学报，9月17日第4版.

孙鸿烈.2010.20世纪中国知名科学家学术成就概览·地学卷·地理学分册.北京：科学出版社，525-538（"童庆禧"
    篇目）.

童庆禧，鲍士柱.1975.珠穆朗玛峰地区太阳辐射光谱组成.珠穆朗玛峰地区科学考察报告：1966—1968 气象与太
    阳辐射.北京：科学出版社，133-140.

童庆禧，丁志，郑兰芬，王尔和.1986.应用NOAA气象卫星图像资料估算草场生物量方法的初步研究.自然资源学
    报，（01）：87-95.

童庆禧，马建文，曹学军.2005.美、日、欧、俄空间政策调整产生的机遇与挑战.遥感学报，（03）：225-233.

童庆禧，唐川，励惠国.1999.腾冲航空遥感试验推陈出新.地球信息科学，（01）：67-75.

童庆禧，田国良，茅亚澜.1983.多光谱遥感波段选择方法的研究.宇航学报，（02）：1-13.

童庆禧，王晋年，张兵，等.2009.立足国内开拓创新走向世界——中国科学院遥感应用研究所高光谱遥感发展30
    年回顾.遥感学报，13（S1）：33.

童庆禧，卫征.2007."北京一号"小卫星及其数据应用.航天器工程，16（2）：1-5+87.

童庆禧，卫征.2023.北京系列遥感卫星及其对我国航天和遥感事业发展的启示.航天器工程，32（3）：1-6.

童庆禧，项月琴.珠穆朗玛峰地区的大气透明状况.珠穆朗玛峰地区科学考察报告：1966—1968 气象与太阳辐射.北京：
    科学出版社，148-161.

童庆禧，薛永祺，王晋年，等.2010.地面成像光谱辐射测量系统及其应用.遥感学报，14（03）：409-422.DOI：
    10.11834/jrs.20100301.

童庆禧，薛永祺.1988.红外多光谱遥感技术在地质找矿中的应用.遥感技术动态，（01）：60-62.

童庆禧，张兵，张立福.2016.中国高光谱遥感的前沿进展.遥感学报，20（05）：689-707.

童庆禧，张兵，郑兰芬.2006.高光谱遥感的多学科应用.北京：电子工业出版社.

童庆禧，张兵，郑兰芬.2006.高光谱遥感——原理、技术与应用.北京：高等教育出版社.

童庆禧，郑兰芬，金浩，等.1992.热红外多光谱遥感技术金矿调查应用研究.红外与毫米波学报，（03）：249-256.

童庆禧，郑兰芬，王晋年，等.1997.湿地植被成像光谱遥感研究.遥感学报，（01）：50-57+82-83+85.

童庆禧，郑兰芬，张兵，王向军.1995.新一轮腾冲航空遥感及遥感影像动态分析.第十一届全国遥感技术学术交流
    会论文集，299-300.

童庆禧.1993.成像光谱学的理论、技术与实践.见：第八届全国遥感技术学术交流会论文集，4-7.

童庆禧.2002.遥感信息传输及其成像机理研究.中国科学院院刊，（01）：31-33+79.

童庆禧.1990.遥感的某些新发展及我们的对策.环境遥感，（01）：11-16.

童庆禧.1991.黄金遥感找矿的新进展.地质地球化学，（06）：64-68.

童庆禧.1994.遥感科学技术进展.地理学报，（S1）：616-624.

童庆禧.1994.中国金矿研究新进展 第二卷 金矿找矿新技术、新方法.北京：地震出版社.

童庆禧.1998.遥感在1998年洪水监测中的作用.气候与环境研究,（04）:27-35.

童庆禧.1999.超前决策开拓遥感新技术.地球信息科学,（01）:62-65.

童庆禧.2003.地球空间信息科学之刍议.地理与地理信息科学,（04）:1-3.

童庆禧.2005.空间对地观测与全球变化的人文因素.地球科学进展,（01）:1-5.

童庆禧.2012.空间遥感信息产业发展.卫星应用,（01）:44-48.

童庆禧.2012.我把半生献给了遥感,见:南方数码,2012年,第六期.

童庆禧.2020.千眼星群点亮数字中国.《英大金融》专访.

童庆禧.2021.与遥感发展同行——纪念《遥感学报》更名25周年.遥感学报,25（01）:1-14.

童庆禧.2023.中国遥感技术和产业化发展现状与提升思路.发展研究,40（06）:1-5.

童庆禧,等.1990.中国典型地物波谱及其特征分析.北京:科学出版社.

中国科学院兰州文献情报中心,中国科学院地学情报网.1990.中国科学院地球科学家名录.兰州:甘肃科学技术出版社:371（"童庆禧"条目）.

中国科学院院士工作局（路甬祥主编,李静海副主编）.2006.中国科学院院士画册·地学部分册.济南:山东教育出版社,306-307（"童庆禧"篇目）.

《中国当代地球科学家大辞典》编委会（谢义炳名誉主编,刘式达主编）.1994.中国当代地球科学家大辞典.北京:气象出版社:424（"童庆禧"条目）.

Qingxi Tong, Lanfen Zheng, Yongqi Xue, et. al. 2001. Hyperspectral remote sensing in China. Proc. SPIE 4548, Multispectral and Hyperspectral Image Acquisition and Processing, 25 September.

Qingxi Tong, Lanfen Zheng, Yongqi Xue. 1998. Development and application of hy-perspectral remote sensing in China. Proc SPIE 3501, Optical Remote Sensing of the Atomosphere and Clouds, 18 August.

Qingxi Tong, Yongchao Zhao, et. al. 2001. New progress in study on vegetation models for hyperspectral remote sensing. Proc. SPIE 4151, Hyperspectral Remote Sensing of the Land and Atmosphere, 8 February.

Qingxi Tong, Lanfen Zheng, Jinnian Wang et al. 1993. Mineral Mapping with Airborne Imaging Spectrometer in China. Proceedings of the Ninth thematic Conference on Geology Remote Sensing, Feb.8-11, 1993, Pasadena California, USA.

Qingxi Tong. 1994. Study on Spectral Signature and Development of Hyperspectral Remote Sensing in China. Proceedings of the 6th International Symposium on Physical Measurements and Signature in Remote Sensing, Jan, 17-21, 1994, Val d'Isere, France.

Qingxi Tong. 1996. Development of Airborne Remote Sensing System in China. Pro-ceedings of The Second International Airborne Remote Sensing Conference and Exhibition. San Francisco, California, 1996. Volume Ⅱ.

Qingxi Tong, Yongqi Xue, Lifu Zhang. 2014. Progress in Hyperspectral Remote Sensing Science and Technology in China Over the Past Three Decades. IEEE Journal of Selected Topics in Applied Earth Observations and Remote Sensing, 7（1）:70-91.

附录一 童庆禧院士编年表

时间	事 件
1935 年 10 月 21 日	出生在湖北省武汉市。
1937—1944 年	因日寇入侵，童庆禧随父母举家南迁至广西桂林，并在当地小学上学。这一时期的桂林成为中国最为繁华的城市之一，也成为当时各方名人最多的城市。日寇的飞机几乎三天两头轰炸桂林，警报声经常此起彼伏，搅得人们完全不得安宁。这里的抗日气氛和眼见日寇轰炸的惨状对年幼的童庆禧有很大的影响。
1944 年 4—6 月	日寇逼近桂林，当时以桂系为主的国民党军队以"焦土抗战"的名义，将全城百姓统统赶走。童庆禧父母没有条件远走大后方，就只能就近到桂林附近的灵川县山里避难。实际上日寇在桂林并未遇到实质性的抵抗，国民党军队撤走前将全城一番洗劫之后，更是付之一炬，大火焚城，三天三夜冲天火光映红了整个地平线。 童庆禧一家为躲避日寇辗转逃难于山林乡间，度过了大半年颠沛流离的难民生活。此间曾遭国民党残兵的洗劫，被日寇追赶在洞穴避难，也经历了在日本投降前美军对日军的轰炸和中国军队反攻时两军对峙互射时密集的流弹划破夜空的战争场面。九死一生，总算逃过了这一劫难。
1945 年冬—1947 年夏	1945 年日本无条件投降，童庆禧一家得以返回桂林市，走在路上，随处可看到因战争而死去的尸体和废弃的弹药；城里更是一片废墟，到处是断垣残壁、满目疮痍。他们一家好不容易在城外租到一处破坏较轻的房屋，但家徒四壁，只能先靠父母到外打工以为生计。 一次童庆禧上山拾柴被国民党撤退时布下的毒三角丁扎破了脚跟，几天后溃烂化脓，险丧性命，幸得国际红十字医院救助方得治疗，可因此耽误了近 2 年的学业。 1947 年医治初愈后的童庆禧开始了艰难的求学之路，经四处奔波，终于有所学校肯收留，这才得以重拾课本。
1947 年秋—1949 年冬	抗战胜利后的国民党统治区，社会一片混乱，政府腐败、通货膨胀、民不聊生。童庆禧的父亲又开始跑生意，艰难求生。 1949 年 11 月 12 日桂林终得解放。这已是中华人民共和国成立一个多月以后的事了。

时间	事件
1950—1955 年	1950 年小学毕业考入当时最好的桂林中学。在这里完成了从初中到高中 5 年多的学业。由于学校一批优秀老师的引导，无论是在文化课程还是体育、音乐和美术，都受到很好的培养和熏陶；对这样一批优秀的老师们，童庆禧至今仍然怀着崇敬和感恩的心情，不能忘怀。记得那也是一个激情燃烧的岁月，抗美援朝、土地改革、"三反""五反"等运动轰轰烈烈，童庆禧也在老师的带领下参加了这些运动的宣传活动，画漫画、写标语，自己也深受感染，并和老师们结下了深厚的情谊。 由于家庭困难，父亲早已有言在先，家庭经济条件无法供童庆禧继续读大学，让童庆禧高中毕业以后跟着他做生意为生。1955 年幸被选拔为留苏预备生，以后的学业和生活就全部由国家承担，从而侥幸摆脱了辍学的危机。
1955 年 7 月—1956 年 8 月	1955 年 8 月进入北京俄语学院进修一年，主要学习俄语和政治。1956 年暑期，根据分配顺利进入苏联敖德萨（现为乌克兰的城市）水文气象学院，开始了五年的学习历程。
1956 年 8 月—1960 年 7 月	进入苏联学校后，在陌生的环境下一切从头开始，那时对童庆禧他们的学习是一个严峻的考验，首先碰到的就是语言关，课堂的教学如坠云雾，幸得苏联同学的帮助和自己的勤奋，半年后始有所长进，情况开始好转。 1957 年在以当时社会主义阵营为主体的世界青年联欢节在莫斯科召开之际，中国组成了以团中央书记胡耀邦为团长的代表团，其中部分代表团成员从当时的留苏学生中遴选。童庆禧又有幸被选派作为中国代表团的一员，参加了本届世界青年联欢节，既参加代表团活动，又身兼翻译，得到很大锻炼。 适应了国外生活和学习，参加学校组织的许多活动：文艺演出、体育比赛、野外实习等；曾赴乌克兰赫尔松、哈尔科夫、俄罗斯莫斯科、乌兹别克斯坦塔什干等地实习，并撰写了中期论文（《关于千年尺度的气候变化》）；毕业论文内容是"论棉花叶面温度的测量与棉田小气候研究"。
1960 年 7 月—1960 年 10 月	由于中苏两党、两国分歧论战，关系恶化，国家也进入困难时期。国家组织留学生回国学习，童庆禧从塔什干实习地辗转阿拉木图到新西伯利亚搭上了回国的列车与同学会合，全部路程自行负担，为国家困难分忧。
1960 年 10 月—1961 年 7 月	完成了在外学习的最后冲刺，在乌兹别克斯坦水文气象研究所教授的指导下，在实践工作中自行设计研究测量方案，研制叶面温度测量仪器，坚持两年进行田间观测、处理和分析数据，完成了关于棉田能量平衡和小气候研究的毕业论文，顺利毕业并获"农业气象工程师"称谓。
1961 年 7 月—1962 年 5 月	回到尚处于困难时期的祖国，受到党和国家领导人的亲切关怀。在中南海怀仁堂得到陈毅、聂荣臻副总理的接见，深受鼓舞。服从组织分配，到陕西省武功县杨凌镇西北农学院任助教。
1962 年 5 月—1965 年 3 月	经国家科委专家局的调整和学校的关怀与支持，童庆禧得以重新分到中国科学院地理研究所。在此有幸得到黄秉维、吕炯、江爱良、邱宝剑、左大康等先生的悉心指导和同事们的帮助，使科研工作逐步走上正轨。 贯彻黄秉维先生关于地理学新方向的思想，负责石家庄站的农田热水平衡观测研究工作。此间，黄秉维先生的思维、邱宝剑先生的方法、左大康先生的开拓使童庆禧从中学习做事、做人、做科研，受益匪浅。

时间	事　件
1965 年 3 月—1966 年 5 月	由于西方国家对我国于 1960 年登顶珠穆朗玛峰的否定，导致时任国家体委主任的贺龙和时任国家科委主任的聂荣臻两位副总理当下决定重登珠峰并开展大规模珠峰地区的科学考察。登山队和科考队联合行动，相互支持和配合，在我国还是第一次。科考队由刘东生、施雅风、胡旭初等老专家领导。童庆禧也荣幸成为了科考队员，与冰川所谢自楚、曾群柱、寇友观等人负责开展高山冰川太阳辐射和冰川小气候方面的观测和研究工作。 1966 年 2 月出发经兰州、西宁、格尔木，走青藏公路进藏。在拉萨经短时休整于 3 月初到达珠峰北坡的大本营，当时这个大本营设在海拔 5 000 米古老的绒布寺内，开始了为期两个多月的珠峰考察活动。 为了获得高海拔地区的太阳辐射和气象数据，童庆禧一人独自在 6 500 米的高山营地坚持了一周的连续观测，经历了高山缺氧和孤独，感受过夜间静谧和雪崩的震撼，经受了工作和生活的历练，顺利完成了预定的任务。
1966 年 5 月—1967 年 10 月	"文革"的洗礼，作为对党和国家培养的感恩，童庆禧自然地站在了造反派的对立面，处处与造反派对着干，也理所当然地遭到造反派的打压、抄家、批斗，受到不小的冲击，就连留苏也成了批判的对象。在"中科院不搞科研地球照样转"的极左思潮下，科研荒废，其中经 3 ～ 4 年辛苦积累的观测资料全部丢失！
1967 年 10 月—1968 年 6 月	根据 1966 年珠峰的科学考察，1967 年 10 月《人民日报》头版发表了《无限风光在险峰》的整版社论，再次激励了科研人员的探索热情。在中国科学院竺可桢副院长的主持下，中国科学院和国家科委批准再次组织对珠峰进行"补点"考察。童庆禧得以再次重登珠峰，进行了新一轮的珠峰科考。 要前进就要有所创新，童庆禧不仅在短短半年多的时间，在同事们的帮助下，研制了太阳分光辐射计、遥测温湿度仪等新型仪器，除原来地理所和冰川所参加人员外，还提出邀请了天文台、大气所、高原大气所等科研人员共同参加（他们是大气所高登义、兰州高原大气所沈至宝、北京天文台李其德、胡岳峰、兰松竹等）。抓住有限的机会拓展研究领域，开展太阳光谱辐射的观测、太阳常数和大气气溶胶的观测研究等。 由于气候的变化，通往 6 500 米原观测点的路上出现了许多科考队员无法跨越的冰裂缝，从而只能在 6 300 米的巨大粒雪盆上建立观测站点和营地进行观测。这些观测研究，特别是太阳的分光辐射观测和大气气溶胶研究，实际上已跨入了遥感研究的范畴。
1968—1972 年	参加地理所气候室承担的中国近海海洋气候研究课题。童庆禧发现当时国家科委情报所进口了一台计算机（当时的计算机大而笨重，数据是用穿孔卡片，程序是用穿孔纸带），于是提出计算机数据处理的方案，改变了原来手抄手算的低效率和费工费力的计算方式，大幅度提高了计算工作效率和研究工作的进度。 在"文革"后期，科学院的研究工作有所恢复，一批不安于现状的科技人员开始大胆探索卫星地理学的研究途径。地理所有一批科研人员居然用自制的螺旋天线和经改造的传真机接收到了美国的"泰罗斯"气象卫星，即后来的"诺阿"气象卫星的云图，他们是曾明宣、阎守邕、王长耀、郑兰芬、范惠茹、关威、王景华等。1972 年在美国发射第一颗地球资源卫星之后，他们的注意力开始转向对资源卫星，成为我国在这一方面的最早探索者。由于当时的环境，像陈述彭老先生和童庆禧也受到这些人的激励，参与其中，为他们查阅文献、找资料、提供各种信息。

时间	事 件
1973 年	童庆禧和一批科研人员被安排去中国科学院河南确山五七干校劳动锻炼,但这里环境优良、气候适宜、劳动愉快。童庆禧这一批人被安排搞基建工作,就是盖房子,但所有基建所需材料,包括烧砖、放炮采石头等均需自行解决。由于自己身体的优势,他一直抢干重活累活险活:打钎、装炮、点炮、排炮、采石等;为了改变几个人几把铁锹搅拌混凝土的落后方式,从提高劳动效率出发,童庆禧主动请缨,提出研制和改装一台混凝土搅拌机的建议,经过一个多月的努力,终于完成了一台小型混凝土搅拌机,从而在一定程度上提高了劳动效率,特别是免除了大家在大太阳下曝晒之苦。
1974—1975 年	1973 年底从干校返回,受时任地理所业务处长左大康的安排,童庆禧参与中国科学院组织的关于地球资源卫星发展的调研工作。当时为了改变我国科研与国际水平的巨大差距,中国科学院组织了有自动化所、西安光机所、长春物理所、北京电子所和地理所等科研人员参加的"地球资源卫星调研组",由于我们事先做了大量的工作,所以在调研活动中比较主动。通过一年半左右的调研,查文献、看缩微,基本了解了美国地球资源卫星的各项关键环节,提出了中国科学院发展地球资源卫星的方案。 1975 年对中国科学院遥感技术的发展具有里程碑的意义。是年 7 月,中国科学院就发展地球资源卫星向时任国防科委副主任钱学森进行了汇报和讨论,童庆禧被指定为主汇报人。汇报讨论中钱学森坦率地指出,就我国当时的技术实力,尚无条件发射这类太阳同步轨道的资源卫星,高瞻远瞩地提出:"资源卫星的关键就是遥感,建议中国科学院要像 1956 年 12 年科学规划抓'两弹一星'和 4 项紧急措施(电子学、半导体、自动化和计算机技术)一样下功夫抓遥感技术的发展,这样我们的地球资源卫星就一定会水到渠成"!钱学森的建议为中国遥感发展指明了方向。在此基础上中国科学院决定召开"遥感技术规划会"。
1976 年	4 月应墨西哥总统埃切维利亚的邀请,中国科学院组织遥感代表团访问了墨西哥,这是我国第一个出访的遥感技术代表团,受到中国科学院和国家科委的高度关注。由于墨西哥是一个与美国接邻的国家,同时也是美国地球资源卫星应用计划的参与者。对此代表团特别重视,也受到墨西哥方面的热情接待,访问取得了积极的成果。代表团成员有:匡定波(团长)、陈贻运、赵庆阁、蒋廷乾、魏成阶、童庆禧和陈祥春(翻译兼领队)。 这年夏,日本在我国举办了一届"农、林、水产展览会",第一次有 3 件遥感设备(由 4 相机组成的多光谱照相机、光学彩色合成仪和数字密度分割仪)参加展览。经中国国际贸易促进会和我国科学院安排,童庆禧作为主谈,组织了有关人员与日本遥感专家进行技术座谈,参加座谈的有西安光机所李育林、上海技术物理所薛永祺、北京工业学院耿立中和地理所阎守邕、王长耀等人。这也是第一次系统地就遥感技术和具体设备与外国专家进行为期约两周的座谈和研讨。座谈会最后在国家计委的支持下,引进了彩色合成仪和密度分割仪两台遥感信息处理设备。这些设备不仅在我国遥感研究初期发挥了作用,而且对我国早期遥感仪器的研制提供了借鉴。在当时的形势下,对涉外活动特别重视,我方人员须提前集中学习,由于大家吃住在一起,除了学习文件外,几乎每天晚饭后大家在一起交流,这是童庆禧第一次结识了薛永祺,自此他们两位开始了长达近半个世纪的友谊与合作!

时间	事 件
1976 年	是年 7 月的唐山地震，激发了科技人员的救灾热情，在陈述彭先生和童庆禧的倡导下，积极开展了遥感地震灾害的监测，特别是进行了关于活动断裂带热活动的遥感试验。当时组织了上海技术物理研究所的航空红外扫描仪以北京沙河机场为基地的红外遥感探测，此次飞行在断裂带的热活动方面虽无特别建树，但仍然在对断裂构造的认识方面有所提高。 为了进行地物光谱的遥感基础研究，在从中国科学院器材供应站调入的一台国外看谱镜的基础上，童庆禧主持了我国第一台光电式地物光谱仪的研制，参加人员有阎守邕、郑兰芬、王乙欣、谭星明等。于次年完成了这台以棱镜分光、电磁编码、磁带记录的地物遥感光谱观测仪，而后在新疆哈密和腾冲遥感实验中得到应用。 1976 年 10 月初，由中国科学院和国家科委联合召开的中国遥感技术规划会在上海衡山宾馆召开，会议对以中国科学院为主开展包括多光谱相机、红外和多光谱扫描仪、真实孔径和合成孔径雷达等各项遥感技术设备的研制，遥感基础和应用研究均做出了规划和安排。会议期间正值"四人帮"被打倒。会议还决定由中国科学院和当时的国家地质总局针对国家任务开展联合遥感试验，检验仪器，积累经验。陈述彭和童庆禧参加了这次重要会议。
1977 年	为落实上海遥感规划会精神，中国科学院决定，在地理所成立地理所二部，专门从事遥感技术发展和应用研究，实际上执行中国科学院遥感总体部的功能。 在上海遥感技术规划会以应用为牵引的部署下，8 月由中国科学院和当时的国家地质总局联合在新疆哈密开展了遥感试验。试验完全结合了当时国家开展的富铁矿会战。这次试验得到国务院和中央军委的大力支持，指派了空军航测团的飞机支持遥感飞行。试验中开创了许多第一次：第一次将常规航空摄影和多光谱摄影与红外扫描相结合；第一次将地物光谱测量数据应用于遥感解译；第一次实施了夜间遥感飞行和昼夜每隔 4 小时一次的遥感飞行；第一次在无人的戈壁上仅利用航空磁罗盘和地面三堆篝火引导完成 6 条带的大面积飞行。哈密遥感是我国第一次航空遥感的尝试和实践，为一年后的腾冲遥感完成了一次预先实践。 在此期间，经 16 年的职称停顿后，童庆禧被晋升为助理研究员。 外交部和国家科委通报法国总理访华拟签订科技合作协议，并要求提出实质性合作项目，以陈述彭先生与童庆禧为主提出的中法联合遥感实验的项目获选。院组织联合实验领导小组和筹备组，落实联合实验事宜，主要是：制定计划、安排项目、组织队伍、选择场地、落实任务等，经多方反复研究确定实验地点选在云南腾冲。后因法方取消合作计划而成就了国内最大、最完整、最综合的一次大规模航空遥感试验，即腾冲遥感试验，简称"腾冲遥感"。
1978 年	本年对中国遥感发展具有重大意义，主要表现有三： （1）童庆禧参加了由国务院副总理、国家科委主任方毅同志直接领导在友谊宾馆召开的"全国自然科学和全国科学技术规划会"，会议第一次将包括遥感技术在内的空间科学技术列入国家规划，为全国"科学大会"的召开，特别是于 20 世纪 80 年代开展的第六个五年计划的实施打下了基础。开始于 1980 年的国家第六个五年计划第一次将遥感技术研究列为国家科技攻关计划，并于此后至今的所有五年计划遥感科学技术发展从未旁落。 （2）美国总统科技顾问普莱斯率政府科技代表团首次访华，与中国政府全方位讨论科技合作问题。其中以美国宇航局布朗局长率领的小组与中方进行空间科技合作讨论。该领域的谈判由国防科委牵头组织，七机部和中国科学院参加。童庆禧被指定与力学所党委书记杨刚毅二人代表中国科学院参加会议。就在这次谈判中，由中国科学院提出的引进陆地卫星地面站的动议得到确认，并付诸实施。

时间	事　件
1978 年	（3）实施"腾冲遥感"（即当时的所谓"780 工程"）。这是一个超大型的遥感技术与应用实验，此次实验得到国务院和中央军委的支持，实验工作于 1978 年冬季开始，1980 年成果汇总结束。空军先后派出 5 架飞机执行遥感飞行任务，云南方面给予了强力的后勤和条件保障。腾冲遥感试验了我国根据上海规划会最新研制的各种航空遥感仪器，包括多光谱照相机、红外多光谱扫描仪、航空和地面光谱测量仪、国产彩色红外胶片等，参加人员包括全国数十个单位 600 多名科技人员。获取了覆盖腾冲地区 7 000 平方公里范围的各类遥感数据，进行了多达 70 多个专题的试验研究，取得了一批原创性的研究成果。"腾冲遥感"对我国遥感事业的发展有着重大意义，被誉为"中国遥感的摇篮"。
1979—1980 年	腾冲遥感外业工作的结束只是遥感应用的第一步，接下来的图像处理、数据分析占据了大部分科技人员的时间和经历；同时大家更深感建立专门的研究机构的重要性。作为最早从事遥感研究的科技人员童庆禧和陈述彭、李秉枢等老一辈专家领导一起提出了建立遥感研究所的建议并报中国科学院。此举得到了中国科学院的支持。1979 年的最后一个月，继 1978 年批准中国科学院成立空间科学技术中心之后，中国科学院遥感应用研究所成立的报告也得到国务院编制办的批准，并于 1980 年始正式挂牌。经中国科学院安排，遥感应用研究所同时也是中国科学院空间中心的遥感研究部。航空遥感、卫星遥感、航空像片判读与制图以及地理信息系统研究成为初建遥感所的 4 大学科支柱。遥感所成立后，童庆禧被任命为以航空遥感和地物光谱研究为主体的第一研究室主任。 中国科学院遥感人又向新的目标进发，天津 - 渤海湾的城市遥感和二滩水电枢纽的能源遥感，和已经完成野外作业的腾冲遥感，并称为遥感所奠基的三大战役。 这一在规模上几乎与腾冲遥感相似的天津 - 渤海地区环境遥感，是我国以城市为主体开展环境遥感研究的开山之作。津 - 渤遥感是一次以适应天津市对发展中城市环境监测需求的技术应用项目，其主要目的是调查主要河道和近海的污染排放情况，了解城市上空大气质量，分析城市及近郊植被状况，评价城市环境质量。 在津 - 渤遥感尚在进行之际，遥感所又接受了二滩水能遥感的任务，并在四川开辟了第二战场。二滩遥感调动了当时国内最大的"运-8"型遥感飞机，开展了以光学摄影和红外遥感为主要技术手段，针对当时我国最大的水电工程建设，以分析电站大坝建设的地质条件和环境状况，特别是评价坝址的构造背景及其地质稳定性。 在一系列重大遥感项目实施之际，迎来了建所之初中国科学院的第一批研究生，茅亚澜成为童庆禧的第一批弟子。在她的硕士研究期间共同在《宇航学报》上发表了"文革"以后的第一篇论文（童庆禧，田国良，茅亚澜（1983）：多光谱遥感波段选择方法的研究，《宇航学报》1983 年 4 月第二期）。
1981—1985 年	这是国家的第六个五年计划时期。 当时的重中之重是参与国家的科技攻关，黄淮海平原低产农田旱、涝、盐碱、风沙的综合治理在时任中国科学院副院长的叶笃正带领下积极参战，遥感是中国科学院参战的重要特色之一。童庆禧成为这次攻关的四人领导小组成员之一。经两年多的努力，对黄淮海地区的自然条件、灾害的形成和空间分布、农业的特点和布局以及综合治理的途径都有了丰硕的成果，获得了中国科学院科技进步奖特等奖（排名第 4）。这次攻关研究是童庆禧和薛永祺继新疆哈密遥感、云南腾冲遥感之后的第三次精诚合作。

时间	事件
1981—1985年	中国遥感发展之初，得到国际的援助和支持。联合国开发计划署支持中国建立国家遥感中心的援助项目得以实施。中国科学院遥感所、北京大学遥感与地理信息系统研究所和国家测绘总局测绘科学研究所分别作为国家遥感中心的三大部：研究发展部、技术培训部和资料服务部。童庆禧也是国家遥感中心成立的积极参与者，1981年初随国家科委遥感中心代表团出访泰国、菲律宾和印度三国，取得积极成果。上述三大部的多名科技人员被派出进修，同时部分国外知名专家被请来华讲学和开展合作研究。美国JPL的安·卡尔是应邀来遥感所合作的专家。她与童庆禧在黄淮海遥感的基础上以红外多光谱农田水分遥感为主题，数月的共同努力在土壤和水分探测的热惯量研究方面有了很好的成果。 JPL的安·卡尔来华合作的另一个重要成果，是她报告了美国JPL正在研制一种基于CCD电荷耦合器件，名为"成像光谱"的新型遥感技术。几乎与此同时，遥感所在美国进修的郑兰芳寄回了一篇在美国公开发表的关于成像光谱技术的论文。抓住这一最新动态，童庆禧与薛永祺心有灵犀，开始了在成像光谱领域的多年长征并一步步取得令人鼓舞的成果。 1983年童庆禧被任命为遥感应用研究所副所长。 由于当时我国尚无可用的遥感卫星，发展航空遥感就是一条符合当时我国国情之路。童庆禧等人建议中国科学院装备自己的遥感飞机，支持科学院遥感发展和相关学科的建设，进而服务于国家的需求。这一建议得到国家的支持，批准中国科学院引进和装备遥感专业飞机。童庆禧被委以遥感飞机引进的负责人，为此于1984年中国科学院批准成立了"中国科学院航空遥感中心"，童庆禧被任命为主任。 航空遥感中心最为重要的任务就是主持遥感飞机的引进，建立中国科学院先进的遥感飞行平台。经全面而细致的调研，除其他技术要求而外，中国科学院对引进飞机的基本要求：一是要能在青藏高原包括珠穆朗玛峰飞行，从而飞机的升限必须高于10 000米；二是要求飞机能从基地机场飞达我国绝大多数地区，这就要求飞机有超过3 500公里的续航能力。经科学院主管部门和领导批准，最终确定引进美国塞斯纳公司生产的价比很高的"奖状-S/II"涡轮风扇型公务飞机，作为中国科学院航空遥感平台。1984年初开始艰难的引进谈判，飞机引进商务事宜委托中国航空技术进出口公司代理，技术谈判由童庆禧负责。1985年初签订购机和改装合同，是年7月标准机下线。由童庆禧、薛永祺和叶华强三人赴美查看标准机，并讨论落实飞机的遥感改装方案。1986年3～5月在完成了该型号飞机最为复杂的改装后，在美国实施了交付验收。飞机采用了白底加红、蓝彩条横贯机身的喷涂，前端有童庆禧设计的航空遥感中心的标志和时任中共中央总书记胡耀邦同志题写的"中国科学院航空遥感中心"的字样。飞机外观现代，而不失雅致，简洁仍彰显华贵。垂直尾翼顶端五星红旗闪烁着耀眼的光芒，机翼下方那"中国科学院"的字样以及"B-4101"和"B-4102"的编号，标志着遥感飞机运行的一个新时代和中国科学院甚至我国的航空遥感发展最佳时期的来临。1986年6月飞机经阿拉斯加、阿留申群岛、中途岛、冲绳等地飞抵北京，并于6月28日在良乡机场举行了开飞仪式，美方机组在中方机组人员协同下作了精彩的飞行表演。中国科学院周光召院长、孙鸿烈副院长、海军刘华清司令员以及王大珩先生等参加了开飞典礼，童庆禧主持了这次开飞活动。自此遥感飞机正式投入飞行训练和任务飞行。1986年8月1日在东辽河遭受洪水侵袭时第一次执行了洪水监测任务。

时间	事 件
1981—1985 年	20 世纪 80 年代开始，在外汇紧缺的情况下，国家组织了黄金找矿会战，中国科学院作为会战参与者的重要任务之一，就是应用遥感新技术。鉴于这时童庆禧和薛永祺已经开始了对发展成像光谱遥感技术的构思，接到任务后经院组织匡定波、薛永祺、童庆禧、章立民、叶宗怀等专家研究讨论决定，根据国情和条件，创造性地提出短波红外细分光谱成像的概念和技术实施途径，在上海技术物理所研制成功我国第一台两个型号具有独创性的"红外细分光谱扫描仪"（FIMS）。该仪器在新疆黄金找矿中发挥了重要作用，并成为在国家"七五"科技攻关中上海技术物理所由薛永祺院士主持研制完成的"模块式航空成像光谱仪"（MAIS）的雏形。该仪器在新疆西准噶尔的哈图、达尔布特等地获取数据的分析，发现和提取了大量经验证确有一定黄金含量的光谱异常点（最高可超 10 克 / 吨），并在托里 - 艾比湖地区发现了长约 5 ～ 6 公里、宽达数十米的一条蚀变带或矿化带，后经参加攻关的地质学科人员验证，确是一处金矿成矿带，经计算具有可观的黄金科研预测储量。 1985 年因"腾冲遥感"成果获中国科学院科技成果奖一等奖。
1986—1990 年	这是发展航空遥感关键的第七个五年计划。 国家计划委员会发布了"七五"国家科技攻关"遥感技术开发"项目，其中共有四个课题："高空机载遥感实用系统""遥感基础研究""地理信息系统开发""黄土高原和'三北'防护林遥感应用"，国家总投资达 3 000 万元以上，足见国家对遥感技术发展的重视。以中国科学院引进的先进遥感飞机为平台的"高空机载遥感实用系统"，成为当时国家重大科技攻关中的最大课题之一。童庆禧作为课题负责人，组织了中国科学院和国家教育委员会下属等 13 个研究院所和高等院校 300 多名科技人员共同攻关。经 4 年多的共同努力，14 台（套）不同类型的航空遥感仪器系统研制成功，并在中国科学院小型高空遥感飞机上实现了分布式集成。围绕地物波谱特性研究、地面同步试验、资源勘察、灾害监测等研究和应用方向，形成了一整套先进、综合、完整的航空遥感技术及应用体系。 1986 年，开始与日本地球科学综合研究所长达十余年以高光谱遥感为基础的合作，在此基础上，还先后与日本宇宙开发事业团、地球资源观测中心、千叶大学、日本东京情报大学、NTT 数据部开展了广泛实质性的科技合作。与日本的合作完全依托我国的高光谱遥感技术，改变了以往对外合作依赖国外技术的状况，特别是在对促进和检验我国高光谱遥感技术具有重要意义。 1988 年经院决定，遥感所和航空遥感中心实现整合，童庆禧被任命为中国科学院遥感应用研究所所长。 这一时期中国科学院"奖状 S/II"型遥感飞机两次跨出国门，向世界展示。1987 年应邀赴新加坡参加国际航空博览会，载有多光谱扫描仪、来自中国的先进遥感飞机出现在航展上，也受到各方人士的特殊关注。返程时飞越我国南海首次拍摄了南海美丽的珊瑚环礁；1990 年，遥感飞机搭载由薛永祺和王建宇主持研制的模块化航空成像光谱仪（MAIS）赴澳大利亚开展合作并探讨新型合作运营模式。这对中国遥感走向世界具有重要意义。中澳这次合作的全部经费均由澳方负担，这在我国科技历史上尚属首次，合作的成果得到澳方的高度评价。 1989 年，童庆禧和薛永祺主持了与苏联的遥感合作，其间访问了莫斯科和基辅就双方合作问题达成协议，由我国提供红外多光谱扫描仪，苏方提供飞机，在苏联境内包括已出事故的切尔诺贝利核电站等一些地区进行了遥感飞行。后来由于苏联的解体合作中断。

时间	事件
1991—1995年	国家自"七五"之后又一次将遥感列为"八五"国家科技攻关重大项目。自然灾害的遥感监测与评估、主要农作物的遥感估产是这个五年计划遥感项目的重点。童庆禧作为项目的指挥长，做得最多的就是对在我国频发的自然灾害安排和部署遥感监测与评估任务。 1996年曾先后发生珠江流域和鄱阳湖、洞庭湖的特大洪水，充分利用"七五"研发的包括SAR和洪水监测系统成果，连续对洪水灾害地区进行了大范围的雷达飞行，并启动了卫星地面站的卫星监测。中国科学院的监测行动受到了防汛指挥部和地方政府的高度重视。 1993年童庆禧从所长岗位退下，从而将更多的时间投入到高光谱遥感研究和国际合作方面。在此期间一直跟踪参加国际航空遥感大会和国际遥感地质大会，并担任两个会议的学术指导委员会成员。 童庆禧被聘为国家遥感中心专家委员会主任，更多地参与国家遥感中心包括项目论证、国际合作等相关工作。 1993年秋冬之际，童庆禧受国防科委的委托，接受了对海南岛的卫星分析任务。首先必须制作一幅大型全岛卫星影像图，这个任务当时就交给了陈正宜老师的硕士研究生张兵，在进行图像收集、影像处理、精确拼接以后，完成了一幅精美的海南全岛卫星影像图。通过对卫星影像的分析发现，在海南文昌以东3～4公里处有一个绵延数十公里疑是堡礁的弧形痕迹，经实地验证确是珊瑚礁，但由于历史和自然的原因，珊瑚礁的上部2～3米都被当地渔民打来烧石灰了，一处美丽的自然遗产就这样失去了观赏价值，实在令人扼腕。 1994年代表中国国家遥感中心参加了在南美智利首都圣地亚哥举行的拉美国家空间发展大会，并在会上做了有关中国空间遥感技术与应用发展的报告，在智利的一切活动完全由我驻智利使馆安排。 1994年秋应法国农科院邀请，率团队到法国开展顾行发教授组织的以法国南部遥感卫星定标试验场为基地的国际遥感联合试验。这是第一次与顾行发教授合作，十年以后，顾行发放弃了法国国籍回到国内，其才华在更大的时空得以发挥。 1991年童庆禧获政府特殊津贴；1993年因"高空机载遥感实用系统"成果获中国科学院科技进步奖特等奖，二年后获国家科技进步奖二等奖。
1996—2000年	遥感迎来了新一轮国家科技攻关（九五）。为推进遥感新技术领域的发展，专门设立了以高光谱和雷达遥感、遥感影像并行处理等为研究目标的"遥感前沿研究"课题，童庆禧作为课题负责人，组织了遥感所、上海技物所、中国科学院遥感卫星地面站、林科院、国家测绘局等单位协同攻关。 童庆禧与陈述彭、郭华东等先生建议国家自然科学基金委的重大遥感基础研究"遥感信息传输及成像机理研究"项目，获准后共同承担了有史以来最大的自然科学基金遥感基础研究项目。该成果于2001年获中国科学院自然科学奖一等奖。 1997年童庆禧作为成员随国家科委秘书长林泉率领的中国遥感代表团应邀访问美国，访美的重点是美国国家航空航天局（NASA）总部及其下属戈达德飞行中心GSFC、喷气推进实验室（JPL），并同时顺访美国国家海洋大气管理局（NOAA）、美国农业部和波斯顿大学等。代表团其他成员还有：李德仁、张文建、郑立中、焦士举、曹洪杰。 1997年童庆禧先后被选为国际欧亚科学院院士和中国科学院院士，人生道路又迈入了一个新的阶段。

时间	事　件
1996—2000 年	1998 年受国家科委委派，参加了于 1999 年召开的联合国第三次外空大会的一系列筹备会议，并作为中国三人代表团成员之一（另外二人为外交部黄惠康和航天部程永曾）。通过这些会议童庆禧抓住了国际卫星遥感的一个重要动向，即微小卫星的发展。在奥地利的格拉兹童庆禧通过与英国皇家学会马丁院士的深入交谈，提升了对小卫星发展的期望，并开始思考在我国发展小卫星的途径问题。1998 年 5 月在马来西亚首都吉隆坡召开的亚太地区筹备会上，更进一步就微小卫星发展的相关问题组织了专题会议进行了研讨，童庆禧和巴基斯坦空间组织资深权威马哈茂德主持了这次讨论会。这一系列活动更坚定了童庆禧对发展微小卫星的信念，回国后即向科委国家遥感中心递送了关于发展微小卫星促进我国对地观测发展的报告。 国家遥感中心组织以童庆禧为组长的小卫星软课题研究，课题组的顾问还有陈芳允和陈述彭两位资深老院士。通过软课题研究，提出了与英国萨里大学空间中心合作的对地观测小卫星的分两步走的发展思路，即先研制一颗 50 米中分辨率 < 100 千克的微小卫星，进而再发展第二颗分辨率高于 10 米的小卫星。后因科技部部长徐冠华要求，将分辨率提高到 5 米，从而调整了原来的方案，而将卫星分辨率提高到当时英国可能做到的 4 m，则是后来童庆禧和科技部高新司李健司长赴英谈判的结果。 1999 年 5 月与科技部高新司司长、国家遥感中心主任李健同访问英国萨里空间中心，就合作小卫星确定了最后的关键技术方案，即全色 4 米 +32 米多光谱。这一方案的调整完全是根据当时与合作双方讨论应变的结果。从而使这颗以"北京一号"命名的重量仅 166 千克的小卫星发射以后成为我国分辨率最高、地面覆盖最宽的民用卫星。 1999 年童庆禧和薛永祺应邀对我国台湾进行了访问，参加了在当地举办的高光谱学术会议并作报告。在台期间，访问了新竹工业园、能源与资源研究所、台南成功大学，参观了郑成功当年驱逐荷兰侵略者的炮台，深深体会到两岸同胞的鱼水之情。
2001—2005 年	鉴于中国科学院航空遥感系统已运行 15 年以上，随着遥感技术的发展，有些技术指标已不符合需求，更新换代成必然之势。童庆禧向国家遥感中心提出发展下一代航空遥感的建议，并同时向中国科学院提出遥感飞机的更新建议，这两个报告均得到积极响应。2004 年由中国科学院向国家发改委提出将装备大型遥感飞机项目纳入国家大科学工程计划，该项目经发改委组织评审得以通过，并由中国科学院组织实施。 童庆禧团队积极开展与日本 NTT DATA 和马来西亚遥感中心在发展高光谱遥感应用方面的合作，接待了马来西亚科技部长来访和商讨合作事宜。 在国家中长期科学和技术发展规划（2006—2020 年）战略研究阶段，童庆禧应孙枢院士邀请，加入"科技条件平台与基础设施建设"（15 专题）研究。作为空间对地观测领域战略发展规划组的负责人（参加人员有中国气象局张文建、国家海洋局巢纪平院士、总装备部陆镇麟、航天科技集团陈世平、国土资源部崔岩、中国农业科学院唐华俊、中国林业科学院李增元、中国科学院马建文等）。在近一年的研讨和充分论证，成功地使"对地观测系统"纳入了国家中长期科技规划的 16 个重大专项之一。在后来陆续启动重大专项时经科技部建议更改为"高分辨率对地观测系统"，并与科技部高新司邵力勤副司长等人浓缩提炼形成 500 字的专项纲领性指南。2006 年以后"高分辨率对地观测系统"国家重大专项由国防科工委负责归口管理，并进入实施阶段。

时间	事件
2001—2005 年	由国家 863 高技术计划立项的"高性能对地观测小卫星"计划顺利实施。2003 年与英国正式签约，命名为"北京一号"，并由科技部国家遥感中心组织将第一颗小卫星交付给由北京市、国土资源部、国家测绘局等出资注册的"宇视蓝图"小卫星公司具体实施，由北京市 21 世纪空间技术发展有限公司提供保障。在签约后的第一次对英国卫星制造商萨里小卫星公司的访问和考察中，由于萨里公司将卫星中最为关键的 4 米高分辨率相机交由一家名为"赛拉"的光学公司制造，童庆禧和薛永祺对此不太放心，于是在我驻英使馆科技参赞帮助下，坚持对这家公司进行考察，考察结果收获颇丰，但却因在伦敦多留了一天，耽误了行程，第二天由于欧洲空管系统计算机故障，致使这二位院士在伦敦希思罗机场地板上睡了一夜，这也成为在中英小卫星合作中的一段有趣的插曲。 2005 年 10 月 27 日，"北京一号"小卫星带着对中国商业化卫星遥感事业的期盼在俄罗斯成功发射。至此中国第一个由企业运营管理并开展数据销售和信息服务的卫星系统正式诞生，成为技术引进消化吸收再创新，特别是卫星遥感领域体制和机制创新的践行者。童庆禧作为这一系统的首席科学家一直参与其构思、方案、合作、谈判、实施、建设、运行、管理以及服务的全过程，成为这一创新系统发展的见证者和参与者。 2002 年由王钦敏先生主导的"数字福建"的提出与实施，在全国产生了很大影响。"数字福建"的实践，表明了正确理念及领导重视的重要性。为项目的顺利实施，福建省委省政府组建了以时任省长习近平同志为组长的"数字福建"领导小组，从全国聘请专家组成了项目专家顾问组，童庆禧受聘为专家顾问组成员。2002 年专家顾问有机会受到习近平省长的接见，和聆听了他对数字化和信息化发展的见解和指示。这就是我们经常讲到的信息化是"一把手"工程的真正含义。 2001 年，童庆禧应北京大学聘请兼任了北京大学遥感与地理信息系统研究所所长；为重振北京大学的遥感事业，提出并领导了北京大学与贵州航空集团公司合作在国内率先开展大型无人机的遥感试验。2004 年倡导成立了"北京大学数字中国研究院"，国家信息化办公室杨学山主任（后任国家工业和信息化部副部长）兼任研究院理事长，许多部门的司局级甚至副部级领导出任研究院理事。包括遥感技术和地理信息系统技术作为重要支撑的数字中国建设得到业界的普遍响应，在社会上产生了很大影响。 "北京大学数字中国研究院"每年召开当届的理事会和高层论坛，吸引了众多学者参与，成为推进数字中国、数字城市向智慧中国发展的理论和学术研究的重要阵地。在以后的几年中，以广东经济和信息化委员会指导成立的"数字广东研究院"的加入，成为"北京大学数字中国研究院华南分院"，进一步加强了研究院在南方的影响。而广东高度的企业化发展及一批有影响的空间信息技术企业成为研究院的相关中心，更是促进了研究院的发展。 2002 年童庆禧在所内提出研制高分辨率航空数码相机的建议，得到研究所的支持和立项，为此专门招收研究生专攻此项目。经一年多的努力，研制成功了一台多镜头多相机组成的航空多模态相机。在北京沙河机场利用直升飞机并在新疆石河子搭载于小型固定翼飞机（Y-12）进行了多次试验，均获得满意的结果，在千米高空可获得 5 厘米分辨率的高清影像。2004 年通过北京大学与贵州飞机制造公司合作在贵州安顺进行了无人机搭载飞行。这是我国第一次无人机的遥感飞行，《人民日报》和新闻联播等媒体都进行了报道。这一成果在 2008 年四川汶川地震监测中也发挥了重要作用。 2001 年童庆禧因"遥感信息传输及其成像机理研究"成果获中国科学院科技进步奖一等奖。 2002 年童庆禧荣获国际光学工程学会（SPIE）颁发的"遥感成就奖"。 2004 年在泰国清迈召开的亚洲遥感会议上，童庆禧荣获泰国诗琳通公主颁发的亚洲遥感贡献金质奖章。

时间	事件
2006—2010 年	2006 年"高分辨率对地观测"国家重大科技专项由国防科工委负责归口管理，并组建总体组开展论证、系统总体设计和实施计划的制定。专家组和总体组副组长由原航天部副部长王礼恒院士和"两弹一星"元勋王希季院士为组长，童庆禧、李德仁和艾长春为副组长。在这项旷日持久的论证和总体方案的编写中，童庆禧最先提出将临近空间遥感作为对地观测系统组成部分，这一建议得到王希季院士的支持。他也坚持应将航空遥感和遥感应用系统列入计划并强调应结合我国急需，优先将分辨率为 2 米 /8 米的卫星组成系列，以缓解当时遥感卫星数据依赖国外卫星的现状。 2007 年童庆禧作为主席，在北京香山召开了"数字中国香山论坛"。 2008 年 5 月发生在四川汶川的特大地震，激发了全国抗震救灾的热情，童庆禧不仅积极投身于这场抗震救灾的洪流，组织用最新研发的高分辨率相机对紫坪铺大坝、岷江河谷、北川县、湔江以及诸多堰塞湖地区进行了航空遥感飞行，获得了大量极具震撼力的灾区遥感监测数据。在此基础上，参加了两院组织的论坛，并做了"遥感与地震"的报告。他多次进入灾区考察，受聘为广州市援建汶川县城专家顾问组成员。在三年援建两年完成的广州向阿坝州的交接仪式上被当地政府聘为汶川县"荣誉市民"；此间还参加了由北京大学数字中国研究院和清华大学、北京邮电大学等北京高校对口智力援助什邡市的活动。 童庆禧和薛永祺院士共同提出研制地面成像光谱仪，以应用于对卫星和航空高光谱遥感地面验证和混合光谱解混等基础研究，和对水体、植被、土壤、岩石等地物精细光谱测量的重要技术装备。后经张立福研究员进一步发展，成为水质监测产业化的重要基础。
2011—2015 年	童庆禧继"高分辨率对地观测系统"重大专项之后，又参与了"国家空间基础设施"的论证工作，任专家组副组长；在"北京一号"取得积极成果的基础上，积极支持和参与下一代商业化小卫星的发展。2011 年 7 月随小卫星合作小组赴英国参加并见证了由两国时任总理的签约：参加了与英国萨里卫星空间技术有限公司（SSTL）就合作发展下一代超 1 米分辨率高性能小卫星"北京二号"星座的签约。该卫星星座于 2015 年发射，成为我国商业化分辨率最高、获取国内外数据最便捷高效的商业卫星。
2016—2020 年	2017 年作为高光谱遥感研究集体的一员，荣获中国科学院杰出科技成就奖。 2018 年研究团队成果"高光谱遥感信息机理与多学科应用"获国家科技进步奖二等奖。 从 2018 年开始每年都参加在福州举办的"数字中国建设高峰论坛"。 2019 年作为首席专家参与了广州红鹏直升机遥感公司以探排地雷和未爆炸物为对象的院士专家工作站。 在中华人民共和国成立 70 周年之际，童庆禧荣获中共中央、国务院、中央军委颁发的"庆祝中华人民共和国成立 70 周年纪念章"。 2019 年在亚洲遥感会议上，再次获得"亚洲遥感突出贡献奖"。
2021—2024 年	2021 年 6 月在太原卫星发射场见证了"北京三号"A 星的成功发射，它标志着我国民营商业卫星已进入 0.5 米分辨率级时代的开始。 2022 年参与"广州市大湾区现代产业发展研究院"在其承担的《新发展格局下广东省制造业全链数字化转型战略研究》的咨询研究项目。 继续根据中国科学院和中国老科协的邀请，在全国一些省（区、市）的大、中学校、党校，也为一些地方行政部门做科普讲座。

附录二　我的父亲母亲

童庆禧

我的父亲母亲

　　我出生于1935年阴历九月二十一日，折算下来应该是阳历1935年10月18日，因后来办护照和身份证，阴差阳错算成了1935年10月21日。不过出生年月日也只是一个符号，由于出生以来一直在动荡不定的旧社会，也没有什么文字材料可查，何况算下来也只差3天，也就没有再去理论。所有我现在一切证件出生年月日都是1935年10月21日。

　　我的母亲陈雪萍出生于1912年阴历八月十七（公历9月27日），仙逝于2020年5月7日凌晨5时30分，5月29日下葬于北京市怀柔九公山长城纪念林（陵园），福泽园，享年108岁（茶寿之年）。母亲出生于原四川省（现重庆市万州）忠县。下葬时与老父亲童振之（1890—1959年）相片同穴安息。老父生于1890年，于1959年逝世于广西桂林市，享年69岁。当时因我在国外读书，未能送父亲最后一程，以致终身遗憾，无法弥补。父亲离世全由母亲在邻居好友的帮助下操持，这真是远亲不如近邻。父亲故去后，安葬在桂林漓江以东荒芜的三里店一带，而桂林在度过"文革"之后改革开放的发展，特别是城市城建的发展，通知将这一带的坟茔迁出，因母亲迁入北京，无法收到通知，父亲的坟地遂填平并扩建为市区，楼房林立，以致多年以后无所寻踪，更使我这个不孝儿子痛心疾首！

　　母亲出生于一个陈姓雇农家庭，地无一分，家徒四壁，完全靠外公披星戴月辛勤耕耘，即使如此也是饥寒交迫，无法保证温饱。外婆也是个勤劳女性，因处穷乡僻壤，并未受到裹足的摧残，他们育有一女一子，即我母亲和她的弟弟。因实在无法生存，外婆被迫用一根扁担两个箩筐，将母亲和她弟弟一头一个，撇下外公，挑离了家乡，只是为了找个让两个孩子有口饭吃能活下去的地方，这时母亲大约8～9岁，她弟弟约5～6岁。离开家乡之后，他们来到了当时繁华的万县，也许是命运的安排，他们找到了一家做棉纱生意的江姓人家，在外婆的哀求下，江家收留了母亲，千恩万谢之后，她母亲带着弟弟离开了，至此生离死别，也就再无联系。幸运的是，由于母亲乖巧伶俐，深得江家老太爷的喜爱，和江家一干成员相处甚是融洽，老太爷甚至将她视如己出，取名江秀英。除了未能读书以外，其余都与江家子女一视同仁。因当时时局动荡，江家打算迁往已站住脚跟的新加坡，大约在母亲十五六岁时，他们带着母亲离开四川，到广州换乘轮船前往新加坡，不料启程后遭遇海上风暴，不得不返航。至此母亲的新加坡之行也就没有再提。江家将母亲安排在江家棉纱行在武汉的商行，直到母亲20岁左右经人介绍，江家做主，嫁给了长母亲22岁的父亲，1935年生了我，父亲及其叔伯兄弟甚是高兴，顺应家谱应属庆字辈，故取名庆禧。父亲勤奋灵活，也善于交往，在武昌曾经营过电器小店，后做药材生意，来往于湖北和广西之间，贩卖两地特产的药材，所以认识一些广西朋友。1937年卢沟桥的炮声震惊了父亲，于是带领只有两岁的我和母亲前往桂林落脚，并继续经营他的药材生意，只是从原住地的武汉换成了桂林，一如既往两地跑来跑去。从1937年到1944年这段时间过得还算平稳，只是坏消息不断传来，武汉失守，长沙战败，衡阳日寇施放毒气逼近冷水滩，眼看作为大后方的桂林危矣，各界人士纷纷逃离。记得在3～4月份桂系头目信誓旦旦，要在桂林与日军决一死战，其中主要措施就是准备将桂林城市付之一炬，名曰"焦土抗战"，遂下令全城居民必须撤离。一些有钱的就赶紧乘飞机或火车去贵阳、重庆或昆明，到6～7月份时，更是要求紧急疏散。我家既无向大后方撤离的条件，也不可能在国民党士兵挨家挨户催逼的情况下留下来等死，无奈之下，通过熟人收拾一点细软，越过侯山向灵川县逃去。父亲一般都是和也是从湖北逃难过来的好友先行前去安排，母亲和我再加上一些亲戚随后离开。可怜母亲挑着近百斤的担子，还要牵着9岁的我，走一路歇一路，好不容易挨到和父亲会合，在一个叫汤家村的村落安顿了下来。没几天隔山可望见桂林城方向火光冲天，映红一片，连续几天几夜。原来是国民党军队大规模撤退前真的放火将一个桂林城烧了个通透，那时桂林的房屋几乎都是木结构的，极易着火。后来日本投降后，我们回到城里，诺大的一个桂林城，居然找不到几间完好的房子，可见当时的惨状！10月底日军开始进攻桂林，未经特别激烈的战斗，桂林就这样被日寇占领了。当时没能撤出的国民党士兵虽经殊死奋战，但几乎全部死于日寇的枪炮和毒气之下。部分牺牲于漓江东岸七星岩内的士兵，在日本投降后被清出，以"八百壮士"的名义安葬于七星山下。日军占领桂林后，我们在这个离城很近的村子就无法再待下去了，只得向西往更远的深山逃去。一如以前，父亲先行而母亲带着一些行李领着我拖后。不料就在这几天发生了两件几乎丢了性命的事，一是当我们走在路上迎面碰到几个从兵荒马乱中逃出来的国民党散兵游勇，他们把我们拦住硬说我们是日本的探子，并不由分说拿枪逼着搜身"检查"，硬是把母亲密缝在腰带上一点保命的金银首饰洗劫一空，然后扬长而去，真是溃军不如寇，流兵即为贼！没过两天，还是在逃难的路上，当时母亲和我在一些逃难的稀疏人群中，正走在一座长满野草和植被的山丘上，突然前面的人反向跑了过来，边跑边喊：日本兵来了！人们四散逃去，这时母亲拉着我向平缓的山下跑去，还算真是碰巧，也算幸运，正好一下出溜到一个小土洞里，上面长满了小草和灌木，把个洞穴挡得死死的，外面完全看不到。好在有一段时间没下雨，洞里还比较干燥，也没有什么蛇蝎之类的虫子。母亲把我搂得紧紧的，蜷缩在一起，大气都不敢出。这时头顶上不时响起零星的枪声，并伴随有皮靴沉重的脚步声。就这样大约经过半个多小时，一切趋于平静，后来听到上面人的喊声说鬼子走了，这时母亲和我才爬出来。想起日本的残暴，庆幸逃过了这一劫，捡回了一条命，紧张恐惧的心情却久久没能消失！就这样我们一家随着日寇占领地的步步扩大不断向深山逃去，一直到一个位于大山半山腰的小村落才停止了脚步。记得那是一个十分寒冷的冬天，加之随着高度的上升，更是加剧了严寒的感觉，手脚都生了冻疮。母亲把仅有的一些衣物都披在我身上，即使这样一整天都还是在瑟瑟发抖的状态下度过的。这种艰难的日子一直挨到第二年，也就是1945年的四五月份，那时在山里的日子实在没法过下去了，在听到外面时局稍微稳定之后，小心翼翼地走出了大山，住进了离桂林市稍近一些的村庄。这时的日本已是强弩之末，城市驻军几乎每天都会遭受国军和美军飞机的轰炸，经常是炸弹的爆炸声和高射炮声响成一片，飞机还不时到我们居住的村庄上撒些传单，直到八月的一天，飞机又在村庄上空盘旋，但已听不到鬼子的高炮声。忽然从飞机上撒下了红色的传单，日本投降了！终于迎来了胜利的一天，大家热泪盈眶、欢欣鼓舞，欢庆来之不易的胜利。

光复后的日子也不好过，父母带着我从乡村返回了桂林市，那时的城市真是满目疮痍，城市只在一些角落剩下一点零星的房屋，其余都让国民党撤退时焚烧殆尽，只剩下断垣残壁，甚是凄凉。我们只能在离城市较远的西门外破坏较轻的一户回民家租了一间房屋暂住，安顿下来。接着就是为生活而奔波，父亲凭借原来做生意的一些老关系，深入到广西融安县赊了些药材，又东拼西凑筹了些盘缠，再到湖北贩卖以维系生活。母亲也到处帮人洗衣服、挑担子、打零工，赚点辛苦钱，补贴家用。

记得当时不仅缺食少穿，而且生火的材草都成了问题。因父母忙于生计，这些就只能由刚刚十岁的我到附近山上去拾，往往捡回的枯枝落叶根本不经烧，而从树上砍下来的又生湿难燃。有一天，我发现因战争布下的铁丝网每隔一段就有一个硕大的木桩，既干燥又经烧。于是就打上它的主意了，尽管幼小力亏，每次用力慢慢晃动直到将其拔出并十分欢心扛回家劈开当材烧，一个桩子可以烧好几天。不料祸从天降，一天当我照常去拔木桩时因穿的鞋前后都露着，一不小心踩上了国民党军队撤退时撒下的三角毒钉，刺破了脚后跟。因此物毒性很强，偶有听到有人被刺伤后不治身亡的消息，吓得我不顾一切跑回家中，等母亲帮完工回到家还没歇下，我就一下扑到母亲的怀里大哭起来，并述说受伤的过程，边哭边说，我可能是活不了啦！母亲也吓呆了，赶紧向街坊求助，因大家都知道此物的厉害，也都束手无策。还是一位稍谙医术的大爷查看过我的伤势，看到的只是一个比针眼大不了多少的伤口，认为不会有太大的问题，遂帮助找了些草药捣碎给我敷上包扎好，我也自认为恐怕不至于会怎样，这才多少得到一点自我安慰。可是只隔了三四天，伤口恶化、疼痛难忍，完全无法沾地了。母亲四处打听，听人说在漓江东面开了一家红十字救助医院，那时漓江上的桥早就被国民党军队撤退时炸掉了，要过河就得绕到较远的一座浮桥。到医院一看，这时我的脚已从后跟到脚踝溃烂成一个大洞，据大夫说，如果再有耽误，动脉血管溃烂毒性攻心，恐怕就难以回天了。好在有这么一所慈善医院。就这样每隔四到五天就要去换一次药，这都全靠母亲用她那温弱的脊背，每次都艰难地背着我来回走十几里地，而父亲整天忙于赚钱糊口，也顾不上我，正是我的慈母把我从死神那拉了回来，每当我想起这段经历，都忍不住眼含热泪。直到我大学毕业在北京落脚成婚后的1963年，经单位照顾，才从桂林老家把孤独守望8年之久、已经51岁的母亲接到北京和我们团聚。而我的父亲从武汉逃难到桂林，经日寇南侵，又拖着一家外带一些亲戚跟随着，日本投降后，又为生活所迫贩卖药材，走深山跑两湖，积劳成疾，于1959年69岁时留下孤独的母亲撒手人寰。因我远在异国他乡，当我知道父亲去世的消息时已过十日之久，更不说见最后一面了，自己也只能面朝东南默默流泪，更别说在父亲膝下尽孝了！

父亲去世后，母亲在邻居友人的帮助下，将父亲安葬在漓江东岸的一个山丘之上。由于母亲4年之后的1963年迁入北京，无奈将父亲一人留在了桂林的土地之下，真是千里孤坟，何处话凄凉！后来经历"文革"的动荡，特别是改革开放以后，桂林迎来了大发展，而埋葬父亲的山岗也平为城市建设用地。由于母亲北迁与桂林当地完全失去了联系，也无法接到迁坟的通知，待我和妻子20几年后有机会回到桂林，根据母亲的描述来到原来安葬父亲的地方探望时，这已是楼房林立喧嚣的城市，哪里还有山岗的影子，父亲的坟茔也就消失得无影无踪了！也许从此有这人来人往的城市伴随父亲地下就不会寂寞。

从1963年开始，母亲就一直在北京和我们在一起，由我们侍奉着。母亲为人慈祥，开朗。1949年桂林解放以后，生活也有了着落，又跟着学习识字看书，还在很长时间还担任了街道的义务调解主任的工作。

母亲到北京后，我们在东单北极阁居住了30年，1993年因新建中国妇女活动中心搬迁到现在的海淀区花园路牡丹园，这一住也是30年。说来也巧，我们在东单的原住地叫北极阁，而现在牡丹园的住地原名叫北极寺，看来和北极结下了不解之缘！母亲极好交往，在这里尽管是高楼大厦，但是她与邻里相处甚为融洽。在这里开始她几乎每天都和老年朋友一起聊天、晒太阳、打麻将。遗憾的是，许多和她同龄的老伙伴慢慢都先后离去，近五六年来，已经没什么年龄相近的人可交往了。直到2020年新冠病毒肆虐，她的身体也每况愈下，这年四月下旬的一天，不小心在房间摔断了胯骨，尽管跑了许多医院，由于年龄太大，大夫也只能采取保守治疗；不幸的是，这样坚持了十天，她还是于108岁茶寿之年离我们而去了。去世后，我为她老人家写了一副挽联：

离川渝走湖广为逃国难半生流离幸得解放重生物换星移终修得四世同堂；
辞八桂旅京城遂得家兴后继安康喜逢盛世欢欣风轻云淡方赢来双全福寿。

跋

　　童庆禧院士生于 1935 年 10 月，按照中国传统寿辰计算方式，今年虚岁 90。现如今"人生七十古来稀"早已成为过去，但是九十岁仍属高寿，童先生培养的莘莘学子，着实为他的健康长寿而高兴。大家欢聚一堂，感伤于他历经国破山河碎的颠沛童年、感动于他开拓中国遥感事业 60 载的一往无前、感恩于他悉心培养几代学子的倾心关爱，童先生的一生也真实映照出近百年中国科技事业和国家命运由弱到强的壮丽史诗。作为他的学生，希望在恭贺童先生九十华诞之际，以"诗意科探九秩华年"为题，记录下他的爱国情怀、高尚品格、科学思想、奋进人生，期盼科技创新、勇攀高峰的薪火代代相传。

　　童先生经常说的一句话是"没有共产党也没有我个人的今天"。童先生出生于湖北武汉，在广西桂林长大成年，是中国八年抗战中无数颠沛流离家庭的一个缩影。外患内忧的童年经历和新中国成立后的生活安定、留学深造让他发自内心地热爱中国共产党、热爱新中国。童先生既是我的博士生导师，也是我的入党介绍人，他坚持正义、爱国奉献，永远是我学习的榜样。在"文革"时期，时任中国科学院党组书记的张劲夫同志遭到造反派的错误批判，童先生勇敢地站出来反击他们，他说：张劲夫同志大力提倡"出成果出人才""愿意为科学家拎包提鞋"，这样的干部怎么会是反动派？童先生也因此被打成"保皇派"，但是他始终坚持自己的观点，决不退缩。作为一名科技工作者，童先生的爱国情怀既体现在努力开拓创新，也体现在珍惜国家每一份科研经费投入上。20 世纪 80 年代初期，他赴美谈判遥感飞机的引进，在每一件仪器、每一个座椅上都做到"斤斤计较"，尽可能地为国家节约经费。2000 年前后的十多年里，童先生带领大家开展了广泛的国际合作，在扩大国际影响的同时，也充分利用国外资金来弥补国内科研经费的不足。他总是教导我们，要"心系国家干事、朴实无华做人"。童先生胸怀祖国、服务人民的爱国精神，永远是我们前进道路上的一盏指路明灯。

　　童先生童年时的颠沛生活造就了他坚忍不拔、勇往直前的个性。他从小体弱多病，为了锻炼身体，自己动手打造健身器械，付出了比同龄人更多的汗水，练就了强健体魄，后来成为苏联体操二级运动员和射击二级运动员，以及中国登山二级运动员。他曾一人坚守在青藏高原海拔 6 500 米处开展太阳分光辐射、大气气溶胶观测研究；在直升机高空飞行中，用绳子把自己绑在直升机舱门口，冒着凛冽的寒风进行地物光谱测量。在遥感野外定标和实地考察中，无论是大漠戈壁，还是丛林险滩，童先生总是身先士卒、步履矫健，他多次陪伴我们出野外，开展光谱测量、靶标铺设、地面标绘等工作。童先生对科研有一种永不放弃的执着，航空成像光谱仪是利用飞机平台的移动实现平面光谱成像，而童先生提出了研制地面成像光谱仪的设想，把地面的点光谱测量变成地物空间光谱成像测量。在研制过程中发现，扫描摆镜速度与数据传输帧率很难匹配，导致野外采集的光谱图像数据产生变形。面对技术难题，童先生亲自设计技术路线，他借鉴航空遥感速高比模型，指导大家实现了扫描摆镜速度的自动换算功能，成功研制出地面成像光谱仪。

童先生思维敏捷，具有勇攀高峰、敢为人先的创新精神。童先生的学生特别喜欢听他讲过去的经历，不管是五七干校期间把和面机改造成水泥搅拌机，还是点篝火指引飞机夜航热红外遥感，大家都听得津津有味，十分佩服童先生丰富的想象力和创新精神。我接受童先生的第一次单独指导和从他手中接过的第一份学术资料，就是源于他敏锐地从卫星图像上识别出海南岛东侧近海的一条绵延数十公里的珊瑚礁（详见本书"同事与学生眼中的童院士：博学多识 言传身教"）。童先生在中国遥感领域开拓了多个前沿方向，这些都来源于他广博的学识和敏锐的洞察力。在他的倡导下，1986年开始的"七五"科技攻关，首次将高光谱遥感技术列入国家立项计划；1998年他从马来西亚参加完联合国第三次外空大会亚太地区筹备会归来后，奔走呼吁，推动了国家"十五"计划"高性能对地观测微小卫星"研制项目立项；2005年他指导北京大学遥感所和中国科学院遥感所科技人员一道，在贵州完成了具有里程碑意义的第一次大型无人机遥感实验；2006年，他作为国家中长期科技发展规划的战略研究专家，继推动"高分辨率对地观测系统"成为重大科技专项之后，又倡导推动将新一代航空遥感系统作为该专项一部分纳入建设，童先生这种勇攀高峰、敢为人先的创新思想，在中国遥感科技发展史上起到了重要的开创和引领作用。

童先生经常对我们说，遥感研究一定要面向应用，遥感学科的诞生与发展，都承载着巨大的应用需求驱动，满足国家需要是我们遥感人责无旁贷的责任。1977年国家百废待兴，急需铁矿石等矿产资源，童先生主持开展了富铁找矿新疆哈密航空遥感实验，这是继1976年唐山地震灾区热红外遥感后，童先生与中国科学院上海技术物理研究所薛永祺院士的第二次联合实验，自此也正式开启了童先生和薛先生长达半个世纪的紧密合作，成为"应用需求驱动技术发展、技术发展推动应用拓展"的科技合作典范，在遥感界传为佳话。薛永祺院士团队研制的一系列新型成像光谱仪器——80年代中期面向黄金找矿的细分红外多光谱扫描仪FIMS、90年代初期面向植被生态研究的可见-近红外推扫式高光谱成像仪PHI、90年代中后期面向多领域应用的模块化成像光谱仪MAIS和实用性模块化成像光谱仪OMIS等，都包含有童先生的心血和面向国家应用需求的建议。我作为童先生团队的成员，非常有幸地参与了童先生领导的中国第一套高光谱图像处理与分析系统HIPAS的开发，以及新疆塔里木盆地油气探测、法国阿维尼翁农作物监测、云南腾冲多金属矿床探测、常州农作物分类、日本长野农作物调查、小汤山农作物参量反演、日本崎玉农作物与环境调查、马来西亚热带雨林监测、北京顺义农作物监测、常州太湖水体水质调查等一系列面向典型应用研究的航空高光谱遥感实验，在此过程中，也与薛院士团队成员结下了深厚的友谊。两位先生以国家重大需求为己任，集智攻关、团结协作的精神永远是我们学习的楷模。

童先生言传身教，提携后人、爱惜人才，为国家培养了一大批优秀遥感科技工作者。他对学生的教育始终秉承从宏观处指引、从细微处着手的理念，能够从遥感科技发展前沿角度把握方向，同时在细节之处又能做出具体性的指导。20世纪90年代末，精准农业研究刚刚起步，童先生就安排我结合中日合作项目，做农作物高光谱遥感精细分类，实现了不同蔬菜品种的识别；同样是中日合作项目，1995～1997年间，我每次完成的黄土高原生态环境变化遥感研究英文报告，童先生都会认真阅读，帮我逐字修改完善。他的学生们都知道，童先生能熟练使用Photoshop软件，过去许多航空遥感飞行航线设计图都是他亲自画出来的，即使现在仍笔耕不辍，经常为了学生的事情，亲自在电脑上做文字和修图工作。童先生是一位十分谦逊的人，在他给毕业学生的回信中写道："我对你们关心照顾得很不够，好在你们足够优秀，你们用自己的努力弥补了我的懈怠"。当学生们获得成绩和奖励向他汇报时，不管再忙，他都会以邮件或短信的形式回复祝贺，勉励学生向更高目标迈进。他曾经深情地写道"而今你们离开了，回想起你们在读的时候总有一种甜蜜和失落的交织感。

我想，你们并没有走远，将来我们一定同样会经常听到你们的消息，同样会分享你们的成功喜悦"。童先生还十分热心科学普及事业，特别是近些年，他倾心投入科普工作，走过祖国大江南北，给中小学生、大学生讲课，为我国遥感事业壮大青年后备力量。

童先生热爱生活，豁达开朗，为人和善。童先生即将步入人生的第九十个年头，但在学生们的意识中，童先生是永远年轻的。他喜欢唱歌，尤其喜欢唱《攀登者》《重头再来》等激昂奋进的歌曲，"每寸冰霜　每寸锋芒　每一步都是信仰"、"心若在　梦就在"，"看成败　人生豪迈　只不过是从头再来"，每当他唱到此处，总会触动我们的心弦，荡漾起感动的涟漪。童先生兴趣十分广泛，喜欢诗词歌赋，在很多场合，触景生情不经意间就能随口朗诵一些历史名诗佳词。他还喜欢摄影，但是从来不买昂贵的专业摄影器材，以前用最普通的相机，现在基本就是用手机了，但是拍出的画面充满了十足的美感和诗意，还经常和薛院士相互切磋一下。童先生动手能力特别强，在困难时期，他亲手制作家具，变着花样烧饭，维系日常家用，如今谈起来仍然津津乐道，充满乐观主义情怀。童先生喜欢开车，他家里买的第一部车是辆二手的悦达，车很小，但童先生却开出了潇洒的气势。童先生年过八十还经常在周末自己开车到单位，只想着让刘师傅周末能够多休息一下，甚至还顺路接学生一起到单位开会。坐过童先生车的同事、学生是很多的，大家都说，童先生是一位十分注重朋友和师生情谊的人，这种亲切和善也是童先生广受学生们尊敬和爱戴的一个重要品质。

在童先生九十华诞即将到来之际，回顾他奋发图强、开拓创新的激荡人生，回首他每一个甘为人梯、奖掖后学的温馨瞬间，不管是炙热如火，还是平静如水，都如同熠熠生辉的珍珠，串联起我们生命中的每一份感动，这些既是我们人生旅途中的启示借鉴，也是我们不断前行的动力源泉。此本纪念书册是对童先生九十年生涯的一段小结，衷心祝愿他身体健康、阖家幸福！我拙笔撰写了一首藏头诗，谨以表达全体学生对童先生的无上崇敬和爱戴。

童年坎坷哀国忧

先觉自励尽追求

生荣学归登峰望

九天飞航织锦绸

十年开拓遥感路

华夏谱星绘神州

诞辰壮心续高志

贺寿桃李喜丰收

中国科学院空天信息创新研究院副院长、研究员

本书主编

2024年4月